Hadda Ouguissi

Transmissão segura do sinal

Hadda Ouguissi

Transmissão segura do sinal

Transmissão segura de um sinal áudio utilizando sistemas caóticos

ScienciaScripts

Imprint

Any brand names and product names mentioned in this book are subject to trademark, brand or patent protection and are trademarks or registered trademarks of their respective holders. The use of brand names, product names, common names, trade names, product descriptions etc. even without a particular marking in this work is in no way to be construed to mean that such names may be regarded as unrestricted in respect of trademark and brand protection legislation and could thus be used by anyone.

Cover image: www.ingimage.com

This book is a translation from the original published under ISBN 978-620-6-70640-3.

Publisher:
Sciencia Scripts
is a trademark of
Dodo Books Indian Ocean Ltd. and OmniScriptum S.R.L publishing group

120 High Road, East Finchley, London, N2 9ED, United Kingdom
Str. Armeneasca 28/1, office 1, Chisinau MD-2012, Republic of Moldova, Europe
Printed at: see last page
ISBN: 978-620-7-71121-5

Conteúdo

Transmissão segura de um sinal áudio utilizando sistemas caóticos

sistemas caóticos

- Mistura de dois mapas caóticos (mapa da logística e mapa da tenda)
- O sistema caótico de Chua

A comunicação vocal está intimamente ligada à vida quotidiana, como a educação, a aprendizagem eletrónica, o comércio, a política e a divulgação de informações. Para manter a segurança, os dados sensíveis devem ser protegidos durante a transmissão.

Os sistemas caóticos tornaram-se bons candidatos à criptografia para aumentar o grau de segurança.

Neste livro, concentramo-nos na conceção de um sistema de comunicação de voz de alta segurança que utiliza dois níveis de encriptação baseados em sistemas caóticos. O primeiro nível é o mascaramento caótico, enquanto o segundo nível é a codificação. No nível de mascaramento usando dois métodos, o primeiro método é o mascaramento usando um híbrido entre as estruturas caóticas (mapa logístico e mapa de tenda), enquanto o segundo método é baseado no sistema caótico de Chua. Ao nível do scrambling utilizamos o mapa de Amold. Ao nível do recetor, usamos a sincronização de Pecore e Carroll para recuperar o sinal áudio encriptado.

Ouguissi Hadda é uma especialista em telecomunicações que obteve o seu doutoramento em engenharia eléctrica na Universidade Amar Thelidji em Laghouat, Argélia, em 2022. A minha investigação centra-se na transmissão segura de dados utilizando sistemas caóticos.

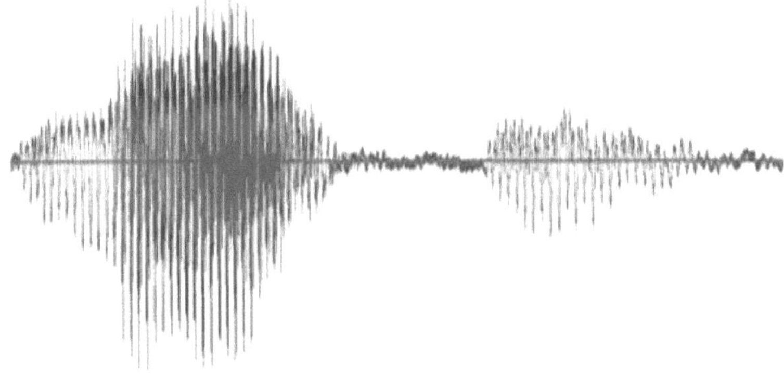

A comunicação vocal está intimamente ligada à vida quotidiana, como a educação, a aprendizagem eletrónica, o comércio, a política e a divulgação de informações. Para manter a segurança, os dados sensíveis devem ser protegidos durante a transmissão.

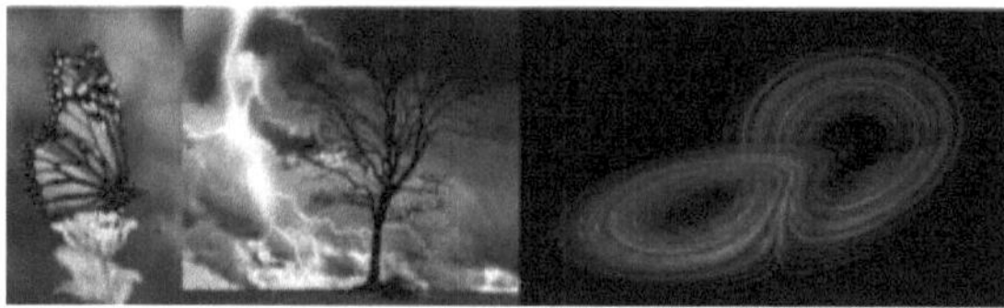

Os sistemas caóticos tornaram-se bons candidatos à criptografia para aumentar o grau de segurança.

Neste livro, concentramo-nos na conceção de um sistema de comunicação de voz de alta segurança que utiliza dois níveis de encriptação baseados em sistemas caóticos. O primeiro nível é o mascaramento caótico, enquanto o segundo nível é a codificação. No nível de mascaramento usando dois métodos, o primeiro método é o mascaramento usando um híbrido entre as estruturas caóticas (mapa logístico e mapa de tenda), enquanto o segundo método é baseado no sistema caótico de Chua. Ao nível do scrambling utilizamos o mapa de Amold. Ao nível do recetor, usamos a sincronização de Pecore e Carroll para recuperar o sinal áudio encriptado.

Ouguissi Hadda é uma especialista em telecomunicações que obteve o seu doutoramento em engenharia eléctrica na Universidade Amar Thelidji em Laghouat, Argélia, em 2022. A minha investigação centra-se na transmissão segura de dados utilizando sistemas caóticos.

Introdução gerar

Introdução geral

A comunicação vocal está intimamente ligada à vida quotidiana, como a educação, a aprendizagem eletrónica, o comércio, a política e a divulgação de informações. Com o desenvolvimento das modernas tecnologias de comunicação e multimédia, uma enorme quantidade de dados de voz sensíveis viaja diariamente através de redes abertas e partilhadas. Para manter a segurança, os dados sensíveis devem ser protegidos durante a transmissão.

Os investigadores propuseram um grande número de formas de encriptar um sinal de voz, tal como as técnicas criptográficas convencionais são eficazes para dados de texto [1], [2].

Uma das soluções potenciais que está associada ao crescimento dos sistemas de comunicação não lineares e dos dados de voz volumosos e redundantes é o caos. Graças às propriedades dos sistemas caóticos, tais como a elevada sensibilidade dos sistemas não lineares às condições iniciais e o facto de evoluírem numa ampla banda de frequências, o que faz com que as suas trajectórias pareçam ruído pseudo-aleatório, os sistemas caóticos tornaram-se bons candidatos para a criptografia, a fim de aumentar o grau de segurança [3-6].

Nas últimas décadas, os sistemas caóticos têm sido aplicados à criptografia com o objetivo de aumentar o grau de segurança. [1]Estes sistemas permaneceram desconhecidos até ao século XX. Henri Poincare [7] descobriu a noção de sensibilidade às condições iniciais através do problema da interação de três corpos celestes e, mais tarde, em 1960, os trabalhos de Edward Lorenz [8], apaixonado pela meteorologia, marcaram o rumo deste ramo da matemática.

As técnicas de cifragem e decifração que utilizam um sistema caótico de baixa dimensão têm um espaço de chaves pequeno, pelo que oferecem pouca resistência a ataques de força bruta [9]. Muitas técnicas de cifragem aleatória tiram pleno partido da integração de muitos sistemas caóticos para otimizar o espaço de chaves, mas isto conduz a uma maior complexidade e tempo de computação [10]. Foram propostas técnicas de cifragem baseadas em sistemas caóticos de elevada dimensão que apresentam um comportamento muito complexo [11-12].

Graças às técnicas de codificação da fala [13], a combinação da codificação caótica e da encriptação com mascaramento da voz pode produzir uma inteligibilidade muito baixa e uma elevada força de encriptação [14]. O desenvolvimento de sistemas de comunicação que utilizam o caos começou com esquemas de sincronização muito simples de circuitos electrónicos, destinados à encriptação e reconstrução simultâneas de um sinal de informação [15-17].

Além disso, o sinal de informação pode ser, ele próprio, um sinal caótico, mesmo que o sinal caótico seja originalmente imprevisível, será controlado de modo a não alterar o seu comportamento e a transmitir um sinal útil.

Neste livro, concentramo-nos na conceção de um sistema de comunicação de voz de alta segurança que utiliza dois níveis de encriptação baseados em sistemas caóticos. O primeiro nível é o mascaramento caótico, enquanto o segundo nível é a codificação. No nível de mascaramento usando dois métodos, o primeiro método é o mascaramento usando uma hibridação entre as estruturas caóticas (*logisticsmap* e *tent map*), enquanto o segundo método é baseado no sistema caótico *de Chua. Ao* nível da codificação, utilizamos o mapa de Arnold. Ao nível do recetor, usamos a sincronização de Pecore e Carroll para recuperar o sinal áudio encriptado.

Este livro está organizado da seguinte forma:

O Capítulo 1 é dedicado a uma visão geral dos sistemas caóticos, seguido de alguns exemplos de sistemas caóticos e das suas características.

No capítulo 2, propomos técnicas de encriptação de áudio (scrambling), apresentamos métodos para mascarar um sinal e, em seguida, damos uma breve noção de marca de água digital.

No capítulo 3, apresentamos um método para sincronizar os dois sistemas caóticos.

No Capítulo 04, discutimos os métodos de mascaramento caótico e embaralhamento caótico, e apresentamos o método de sincronização dos dois sistemas caóticos de *Chua* por *Pecora e Carroll.*

Por fim, terminamos este modesto trabalho com uma conclusão.

Capítulo 1

Informações gerais sobre sistemas caóticos

1.1 Introdução

O objetivo deste capítulo é apresentar algumas generalidades sobre os sistemas caóticos, depois damos alguns exemplos de sistemas caóticos e, em seguida, estudamos o sistema caótico *de Chua* e o seu método de controlo.

1.2 Generalidades sobre sistemas caóticos

O termo "caos" define um estado particular de um sistema cujo comportamento nunca se repete.

Existem várias definições possíveis de caos [18-19]. Estas definições não são todas equivalentes, mas convergem para determinados pontos comuns que caracterizam o caos:

> Não linearidade: se o sistema é linear, não pode ser caótico.

Determinismo: um sistema caótico tem regras fundamentais que são deterministas (em vez de probabilísticas).

> Sensibilidade às condições iniciais: alterações muito pequenas do estado inicial podem conduzir a um comportamento radicalmente imprevisível.

> Imprevisibilidade: devido à sensibilidade às condições iniciais, a resposta é totalmente imprevisível após um certo tempo de evolução.

Irregularidade: ordem oculta que compreende um número infinito de padrões (ou movimentos) periódicos instáveis. Esta ordem oculta constitui a infraestrutura dos sistemas caóticos.

1.2.1 Características do caos

De seguida, apresentamos uma série de características que permitem compreender qualitativamente os pontos-chave de um sistema caótico:

1.2.1.1 Sensibilidade às condições iniciais

Os sistemas caóticos são extremamente sensíveis a perturbações. Este conceito é ilustrado pelo famoso "efeito borboleta", descrito e popularizado pelo meteorologista Edward Lorenz [8]. A evolução de um sistema dinâmico caótico é imprevisível no sentido em que é sensível às condições iniciais. Assim, duas trajectórias de fase inicialmente semelhantes divergem sempre uma da outra. Ilustraremos este fenómeno com uma simulação numérica da equação do *mapa logístico*.

1.2.1.2 Atractores estranhos

Um atrator é a área do espaço de fase que atrai as trajetórias de um sistema dinâmico. O atrator mais simples é um ponto. Existem dois tipos de atractores, os atractores regulares e os atractores estranhos ou caóticos. No caso de um sistema caótico, a trajetória converge para uma região particular do espaço chamada atrativo estranho, que é um sinal de caos [8].

1.2.1.3 Expoente de Lyapunov de um sistema caótico

O expoente de Lyapunov é utilizado para medir o grau de estabilidade de um sistema, um sistema sensível a variações muito pequenas nas condições iniciais terá um expoente positivo (sistema caótico). Um atrativo estranho terá sempre pelo menos um expoente de Lyapunov positivo, ou seja, o maior expoente é positivo para um sistema caótico e negativo para outros sistemas [20], [21].

1.3 Alguns exemplos de sistemas caóticos

Existem vários sistemas caóticos que são utilizados para gerar sinais caóticos. Nesta secção, apresentamos duas classes: sistemas caóticos contínuos e sistemas caóticos discretos.

1.3.1 Sistemas caóticos discretos :

-O cartão logístico (apenas uma dimensão):

A função caótica logística é expressa como :

$$x_{n+1} = rx_n(1 - x_n) \qquad\qquad (1.1)$$

$_o$Ou % assume um valor no intervalo [0,1], designado por condições iniciais.

r é uma constante positiva e tem um valor de 0 a 4, como se mostra na Fig.1.1 e na Fig.1.2.

Para ilustrar o comportamento de um sistema dinâmico, tomemos como exemplo o mapa logístico descrito pela equação (1.1).

Para cada valor de rε **[0,4]** escolhemos uma sequência de **500** amostras com um período de transição de **500** amostras. $_{ok}$Dependendo do valor de r (o parâmetro de bifurcação) e do valor inicial de x da sequência x, a sequência apresenta comportamentos muito diferentes..:

♦ $_{ok}$♦♦ para $r = 2,7$ e $x = 0,15$ A involução da sequência x converge rapidamente para um ponto fixo e estável no plano (x_k, x_{k+1}).

♦   ♦♦ para $r = 3,2$ vemos que a sequência converge para uma solução periódica. Neste caso, a trajetória converge para um ciclo de ordem 2.

♦   ♦♦ Ao aumentar o valor de r a nova sequência converge para uma solução periódica com uma duplicação do período.

♦ $r \geq 3,57_k$♦♦ Pelo seguinte x deixa de representar uma estrutura ordenada. Feito isso, o sistema torna-se caótico, como mostra a Fig.1.2.

O caminho para o caos pode ser resumido utilizando o diagrama de bifurcação dado por Fig1.I

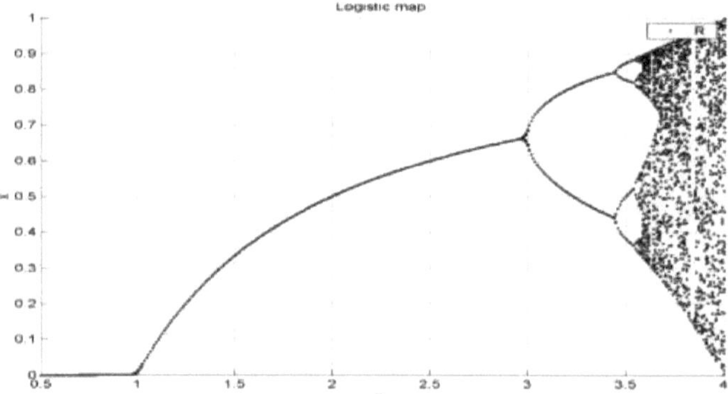

Fig.1.1 - Diagrama de bifurcação do mapa logístico

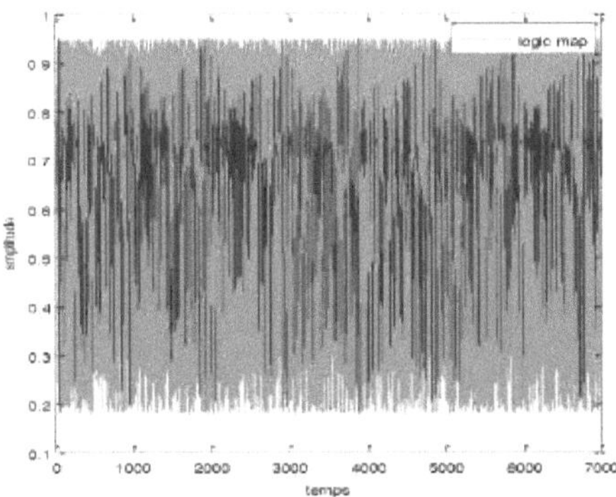

Fig.1.2-O sinal caótico do mapa logístico.

Este mapa logístico é muito sensível às condições iniciais. $_{00}$Vamos definir duas condições iniciais muito próximas $x = \mathbf{0{,}25}$ e $= \mathbf{0{,}251}$ para o sistema caótico (1.1). Inicialmente, os dois sistemas evoluem da mesma forma, mas muito rapidamente o seu comportamento torna-se diferente, como mostra a Fig.1.3.

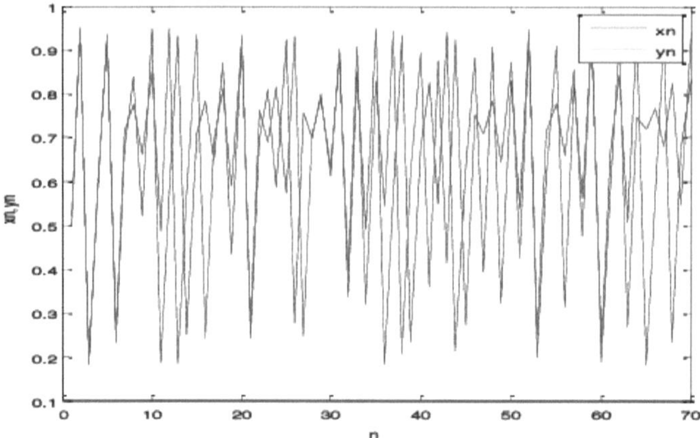

Fig.1.3 - Evolução no tempo para duas condições iniciais muito semelhantes.

-O mapa *da tenda*

É um mapa linear por partes, descrito pela seguinte equação:

$$\begin{cases} f(x_i, u) = ux_i & si \quad x_i < 0.5 \\ f(x_i, u) = u(1 - x_i) & si \ autrement \end{cases} \tag{1.2}$$

$x_i \epsilon [0,1]$ i ≥ 0. Ou pouri .

$_0$E u é o parâmetro de controlo que varia no intervalo $[0,2]$, x é um valor inicial do sistema.

Dependendo do parâmetro de controlo u, o sistema ilustra uma variedade de acções dinâmicas que vão do esperado ao caótico, como se mostra na Fig.1.4.

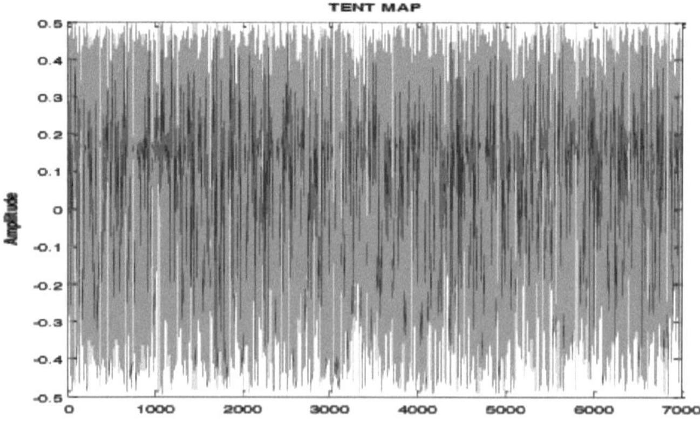

Fig.1.4 - O sinal caótico do mapa tant.

-O cartão ARNOLD

O mapa caótico é designado por mapa de Arnold em reconhecimento do matemático russo Vladimir I.

12

Arnold, que o descobriu utilizando a imagem de um gato. Trata-se de uma demonstração e ilustração simples e elegante de certos princípios do caos, uma evolução aparentemente aleatória de um sistema.

$X = \begin{pmatrix} x \\ y \end{pmatrix},$ Se considerarmos uma matriz de dimensão X N, a transformação de Arnold T é:

$$\begin{pmatrix} \dot{x} \\ \dot{y} \end{pmatrix} \equiv \begin{pmatrix} 1+1 \\ 1+2 \end{pmatrix} \begin{pmatrix} x \\ y \end{pmatrix} mod\ N \qquad (1.3)$$

Em que' mod N é o módulo N, (x, y) são as coordenadas da marca de água original e (x', y') são as coordenadas da marca de água baralhada. N é a altura ou o tamanho do sinal a ser processado.

1.3.2 Sistemas caóticos contínuos :

-Sistema Lorenz

Em 1963, Edward Lorenz modelou um sistema diferencial com comportamento caótico para certos valores de parâmetros. Este sistema é definido pelas seguintes equações:

$$\begin{cases} \dot{x} = \sigma(y - x) \\ \dot{y} = -rx - y - xz \\ \dot{z} = -bz + xy \end{cases} \qquad (1.4)$$

$\sigma = 10, r = \frac{3}{8}, b = 28$ $x_0 = y_0 = z_0 = 0.01$ Abaixo está o atrator de Lorenz para os seguintes valores e condições iniciais com um passo de simulação de **0,01**.

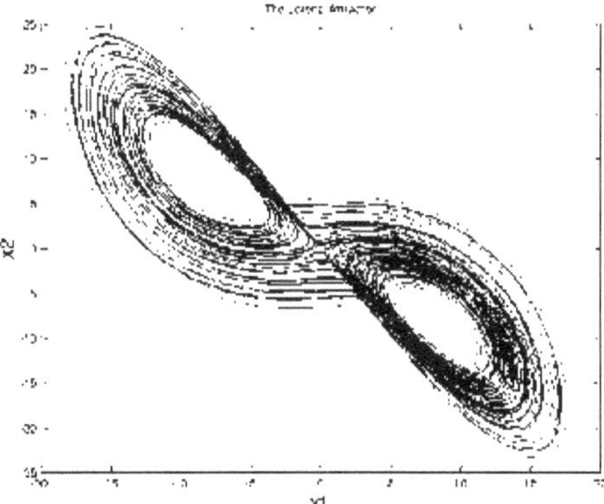

Fig.1.5 Sistema caótico de Lorenz

- Circuito *Chua*

O circuito *de Chua* é um circuito eletrónico simples (Fig.1.6) que apresenta um comportamento clássico da teoria do caos [22-24]. Foi introduzido em 1983 por **Leon O. Chua,** que na altura era visitante na Universidade de Waseda, no Japão.

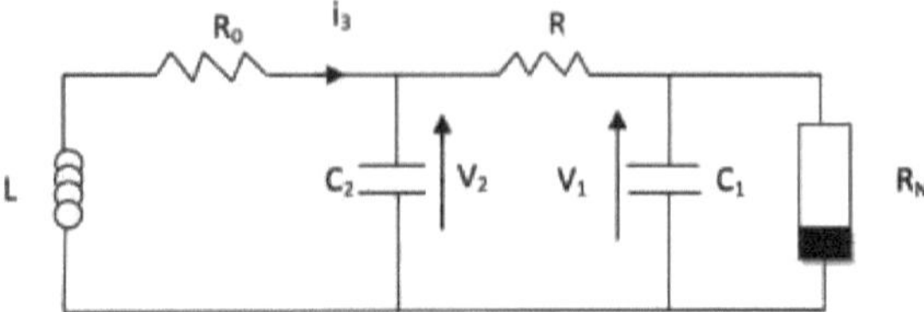

Fig.1.6 - Circuito de *Chua*.

O sistema *de Chua é* representado pelo conjunto de equações diferenciais :

$$\begin{cases} \dot{x} = \alpha(y - x - f(x)) \\ \dot{y} = x - y + z \\ \dot{z} = -\beta(x - R_0 z) \end{cases} \tag{1.5}$$

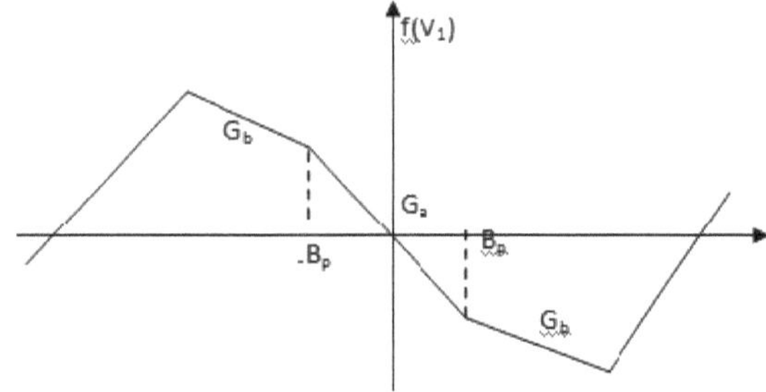

Fig.1.7 - Característica tensão-corrente do resistor não-linear.

$$\text{Ou'} \; f(x) = m_1 x + \frac{m_0 - m_1}{2}(|x + 1| - |x - 1|) \tag{1.6}$$

Os parâmetros deste circuito dependem essencialmente dos valores da resistência, da indutância e dos condensadores:

$$\alpha = \frac{C_2}{C_1} \, , \beta = \frac{R^2 C_2}{L} \, , m_0 = \frac{G_a}{G} , m_1 = \frac{G_b}{G} \tag{1.7}$$

$$G = \frac{1}{R} \; \text{Com}$$

1.4 Controlo de sistemas caóticos :

Para ocultar uma mensagem confidencial sobrepondo-a a um sistema caótico, o sinal de informação deve ser ele próprio um sinal caótico, mas como um sinal caótico é intrinsecamente imprevisível, é necessário controlá-lo para que não mude o seu comportamento, mas seja portador de um sinal de informação.

Do exposto, verificamos que podemos atingir o regime caótico variando o parâmetro de controlo.

1.4.1 Técnica de controlo do caos

É evidente que o comportamento dinâmico de um sistema não linear pode ser alterado através da modificação de alguns dos valores dos seus parâmetros. No controlo do caos, temos de trabalhar no espaço de fase, no espaço de parâmetros e no mapa de Poincare. Além disso, os expoentes de Lyapunov e o diagrama de bifurcação são ferramentas típicas para o estudo.

O controlo do caos é conseguido através da estabilização das órbitas periódicas instáveis de um sistema caótico pela aplicação de uma pequena perturbação a certos parâmetros do sistema, ou o primeiro a evocar esta notação Ott, Gerbogi e York (OGY) [25], e porque se tornou possível controlar um sistema caótico que é avaliado o controlo do caos em circuitos electrónicos [26].

1.4.2 Controlo do sistema caótico *de Chua*

Controlo do sistema de *Chua* com base nos expoentes de Lyapunov e no diagrama de bifurcação.

Temos o sistema *de Chua* (1.5), os pontos fixos deste sistema são:

$$C_0(0,0,0), C_1\left(\frac{m_0 - m_1}{m_1 + 1}, 0, \frac{m_1 - m_0}{m_1 + 1}\right), C_2(\frac{m_1 - m_0}{m_1 + 1}, 0, \frac{m_0 - m_1}{m_1 + 1})$$

1.4.2.1 Comportamento caótico do sistema de *Chua*

Basta alterar o valor de um componente para estudar os vários modos ou comportamentos que este pode apresentar no circuito de Chua. $et\ \beta = 28, m_0 = -1.27, m_1 = -0.68.$ No circuito de Chua, tomamos a resistência a como parâmetro de bifurcação, efectuámos simulações variando o parâmetro a de **10** a **17** com um passo de iteração de **0,01,** *e*

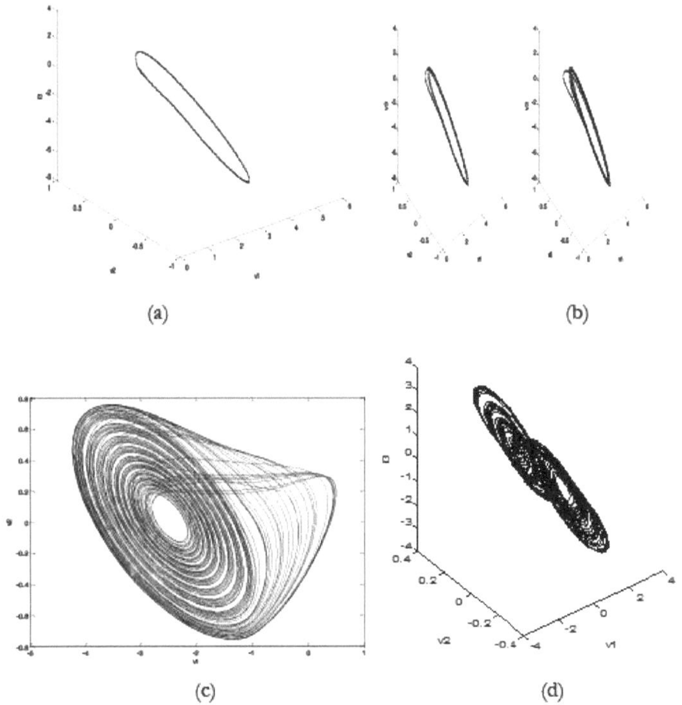

(a)

(b)

(c)

(d)

Fig.l.8-Comportamento do circuito *de Chua* para diferentes valores de *a*

1.4.2.2 Estabilidade pelo expoente de Lyapunov:

$\alpha = 15.6, \beta = 28 \ m_0 = -1.27, m_1 = -0.68,$ Tomamos os valores dos parâmetros do sistema *de Chua* (1.5) como o caso caótico, escolhemos os valores iniciais do estado

$x_0 = 1, y_0 = 0.5, z_0 = -1 \ L_1 = 0.2, L_2 = 0, L_3 = -4.3,$ como o expoente de Lyapunov do

sistema (1.5) são: o sistema (1.5) é caótico porque tem um expoente de Lyapunov positivo L_1.

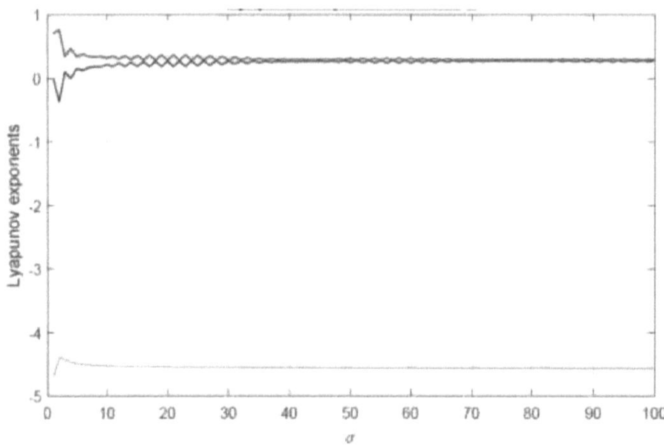

Fig.l.9. Expoente de Lyapunov do sistema de Chua.

1.5 Conclusão

Neste capítulo, depois de apresentarmos alguns exemplos de sistemas caóticos e as suas características, verificámos que é possível controlar sistemas não lineares através do controlo dos seus parâmetros. Verificámos que é possível controlar sistemas não lineares através do controlo dos seus parâmetros. Algumas aplicações do controlo do caos, que consistem na conceção de um controlador para permitir a transmissão de informação num sistema de comunicação.

Capítulo 2

Transmissão segura de um sinal áudio baseado no caos

2.1 Introdução

As sequências caóticas têm propriedades semelhantes às propriedades criptográficas de confusão e difusão, pelo que têm sido utilizadas para construir bons criptossistemas. Estas propriedades tornam os criptossistemas caóticos resistentes a ataques estatísticos [27]. Além disso, a utilização do caos no criptossistema garante segurança, complexidade, velocidade e potência computacional [28].

2.2 Criptografia

A criptografia é o estudo dos métodos de transmissão de dados de forma confidencial. Na transmissão segura de informações, a mensagem, conhecida como texto, é transformada de forma a tornar-se incompreensível; este processo é conhecido como "encriptação". O destinatário deve também efetuar um processo denominado "decifração" ou "desencriptação", para reconstruir a mensagem a partir do texto cifrado.

Na criptografia padrão, e entre uma grande variedade de mecanismos de encriptação, existem dois tipos de chave [29]: chave secreta e chave pública. Num algoritmo de chave secreta, a chave de cifragem é calculada a partir da chave de decifragem e vice-versa. Em geral, as chaves de cifragem e de decifragem são idênticas. Na encriptação de chave pública ou encriptação assimétrica, a chave de encriptação é diferente da chave de desencriptação. Qualquer pessoa pode utilizar a chave de cifragem para cifrar uma mensagem, enquanto a chave privada é utilizada para decifrar uma mensagem; as duas chaves estão ligadas. A cifragem de chave pública pode ser preferida para gerar pequenas sequências, enquanto a cifragem simétrica pode ser preferida para cifrar grandes quantidades de dados.

2.3 A encriptação caótica do áudio

A fala é gravada sob a forma de um sinal analógico que é convertido pela placa de som em digital através da amostragem do sinal para armazenamento no computador.

2.3.1 As características do áudio

Uma definição simples de som pode ser dada às suas ondas resultantes de uma alteração da pressão atmosférica, e embora esta alteração não exceda (±1), quando entra em contacto com o ouvido interno do sistema auditivo humano opera de uma forma dinâmica ampla em frequências entre 20Hz-20KHz. O som é representado por um diagrama de linhas contínuas designado por onda e a altura representa a amplitude do som (volume), sendo esta fórmula designada por sinal analógico, como ilustrado na Fig.2.1(a).

O computador e certos dispositivos eléctricos tratam as coisas como uma série de números binários (0,1), ou seja, em forma digital, e para isso era necessário encontrar uma forma ou método de converter o som do seu estado analógico para a forma de sinal digital, de modo a que este dispositivo o pudesse compreender e tratar como desejado.

2.3.1.1 Registo áudio digital:

Quando o som é armazenado no computador através de uma saída de som ligada à placa de som do computador, a saída de som (microfone) converte as flutuações de tensão sob a forma de um sinal analógico. O sinal é medido e convertido em partes chamadas amostras [30], depois convertido numa série de números através de um processo chamado quantificação [31], depois convertido em formato binário e armazenado. Estas amostras são armazenadas no interior do computador, na memória secundária (disco rígido), em formato digital binário. Um circuito eletrónico na placa de som chamado ADC (conversor analógico-digital) ajuda nestas operações. Quando o áudio é reproduzido, o processo é invertido, mas a flutuação da tensão será transmitida aos altifalantes em vez da captação do som, sendo depois convertida numa flutuação da pressão atmosférica. Existe também um circuito eletrónico que restaura o som para o seu estado analógico chamado DAC [32-33], como mostra a Fig.2.2:

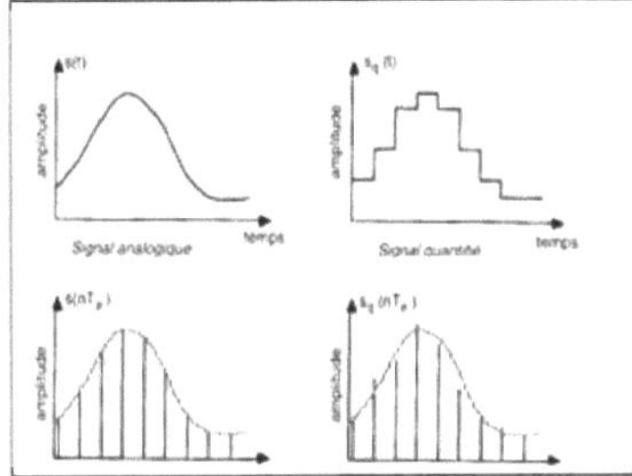
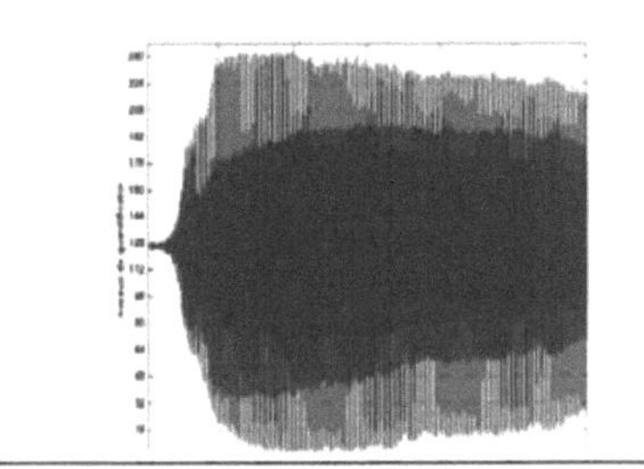

Fig.2.1 (a)-Classificação morfológica dos sinais (b)-Sinal quantificado em 8 bits.

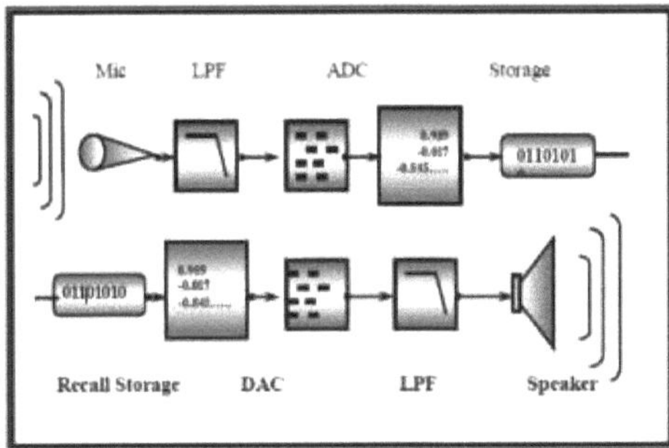

Fig.2.2 Processo de gravação de áudio digital

O som é armazenado em ficheiros diferentes, dependendo dos diferentes formatos de armazenamento, tais como ficheiros com uma extensão mp3 e uma extensão wav.

2.3.1.2 Ficheiro áudio com extensão (wav):

Os ficheiros áudio WAV são um dos formatos áudio utilizados pela Microsoft no ambiente do sistema Windows e são um dos formatos mais populares e amplamente utilizados no ambiente de ficheiros que define o formato de ficheiro (comum) RIFF (Resource Interchange File Format). Os ficheiros RIFF estão organizados em segmentos sobrepostos e interligados que incluem uma definição do conteúdo RIFF [34].

2.3.2 Técnicas de encriptação do discurso

medida que as comunicações vocais se tornam mais utilizadas e ainda mais vulneráveis, a importância de garantir um elevado nível de segurança é uma questão fundamental. Até à data, foram propostas numerosas técnicas de cifragem do discurso. As técnicas de cifragem da fala podem ser classificadas em quatro tipos: Codificação no domínio temporal, codificação no domínio da frequência, codificação em amplitude e codificação bidimensional mista [1], [2]. São utilizados sinais caóticos e, através de uma chave de permutação produzida por um gerador caótico, o sinal de voz original, encriptado no emissor e recuperado no recetor, com as condições iniciais e os parâmetros destes mapas caóticos, é idêntico no emissor e no recetor [35].

2.3.2.1 Interferência no domínio da frequência:

A codificação do sinal no domínio da frequência é efectuada através da aplicação de uma chave de permutação aleatória à transformada discreta de Fourier (DFT) do sinal de voz e à meia gama (simetria conjugada) da componente de frequência. O espetro do sinal é dividido em sub-bandas e estas sub-bandas são permutadas por uma chave de permutação gerada por um gerador de números aleatórios [35].

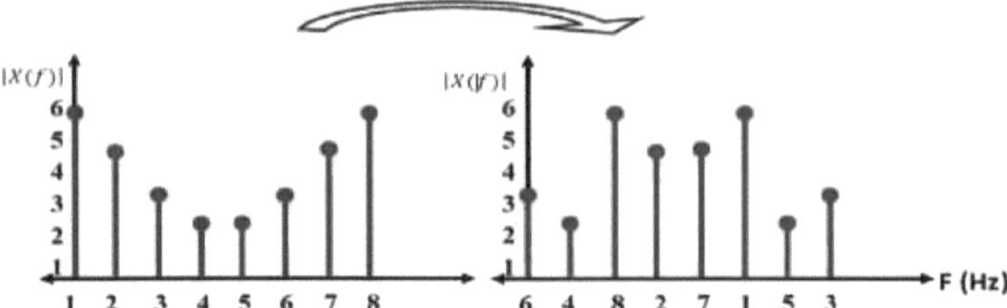

Fig.2.3. Interferência no domínio da frequência :

2.3.2.2 Interferência no domínio do tempo:

Divide o sinal de voz em fotogramas e cada fotograma é dividido no domínio do tempo em segmentos (subquadros) e, em seguida, codificado por uma chave de permutação produzida por um gerador caótico, como ilustrado no exemplo seguinte:

Usamos o mapa caótico logístico (1.1) definido no capítulo anterior. É gerada uma sequência caótica com um comprimento igual ao comprimento do termo L.

$_0$Seja **N=9,** e com a condição inicial $x = 0{,}25$, e o parâmetro de bifurcação $r = 3{,}9$ o valor da sequência gerada é

(a)

i	1	2	3	4	5	6	7	8	9
x_i	0.5000	0.9500	0.1805	0.5621	0.9353	0.2298	0.6726	0.8369	0.5188

As sequências caóticas anteriores foram desenhadas utilizando o algoritmo de ordem ascendente:

(b)

i'	3	6	1	9	4	7	8	5	2
x'_i	0.1805	0.2298	0.5000	0.5188	0.5621	0.6726	0.8369	0.9353	0.9500

Depois de desenhar os vectores caóticos no passo 2, os índices dos elementos são modificados. Estes índices representam o novo índice para codificação no transmissor e no recetor para encriptar este áudio, para a nossa sequência no passo 2, a nova representação do índice é:

(c)

Indice d'entrée	1	2	3	4	5	6	7	8	9
Indice de sortie	3	6	1	9	4	7	8	5	2

2.3.2.3 Interferência bidirecional:

Que combina a codificação de frequência e de tempo [35].

2.3.2.4 Interferência de amplitude:

Também conhecida como uma técnica de mascaramento em que o sinal de voz é convertido por amplitudes pseudo-aleatórias ou caóticas.

2.4 Métodos de mascaramento caóticos

Os sinais caóticos são utilizados como portadores de informação. Para tal, a mensagem é cifrada pelo emissor e decifrada e extraída do sinal caótico pelo recetor. No domínio das comunicações, a recuperação de informação baseia-se geralmente na sincronização entre o emissor e o recetor [36]. Existem vários métodos para injetar informação num sistema caótico. Entre os métodos de transmissão caótica, podemos mencionar o mascaramento por adição [37], a encriptação por inclusão [38] e a encriptação por modulação [39], etc.

2.4.1 Mascaramento caótico por adição

Esta técnica, desenvolvida em 1993, é conhecida como mascaramento caótico [37]. O princípio deste esquema consiste em efetuar uma simples adição entre o sinal de saída do transmissor y(t) e a mensagem m(t). A soma dos dois sinais é transmitida ao recetor através de um canal público. O recetor é constituído por um sistema idêntico ao do transmissor, um subtrator simples. Uma vez sincronizados os dois sistemas caóticos (emissor e recetor), a mensagem é extraída através de uma operação de subtração. O diagrama que representa este método é apresentado na Fig.2.4.

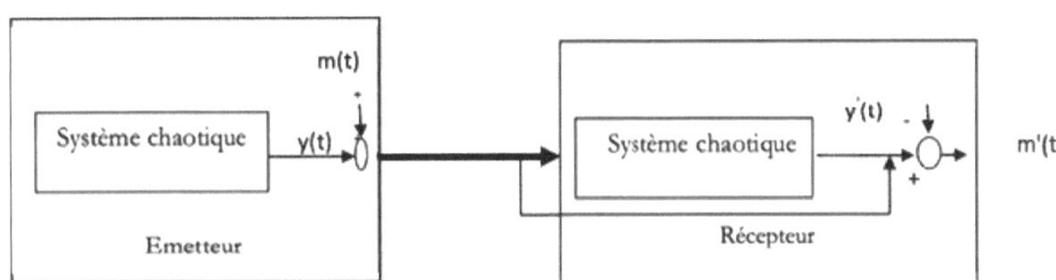

Fig.2.4-Máscara de adição caótica

2.4.2 Mascaramento por modulações paramétricas

O princípio desta técnica consiste em utilizar a mensagem m(t) para modular um dos parâmetros do sistema caótico do emissor. Um observador de modo deslizante é carregado para garantir a sincronização no recetor.

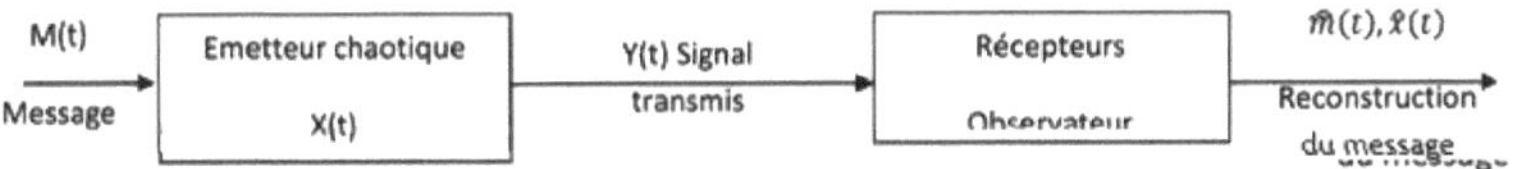

Fig.2.6. mascaramento por modulação caótica.

2.4.3 Mascaramento da inclusão

Esta técnica de encriptação consiste em injetar a mensagem na dinâmica do transmissor [38] com modulação de parâmetros [39] e, utilizando um observador de modo deslizante, a informação é restaurada. E para provar o sucesso do sistema de encriptação proposto, adicionaremos uma marca de água ao sinal original durante o processo de encriptação e extrairemos essa marca de água durante o processo de desencriptação. A extração bem sucedida da marca de água durante a desencriptação confirma que o sinal recebido é autenticado e, portanto, não está sujeito a possíveis ataques.

2.5 Tatuagem digital

A marca de água digital é um processo que consiste em inserir uma marca digital (sequência aleatória, logótipo binário, etc.) num sinal original do anfitrião (imagem, documento de texto, som, etc.) de forma impercetível e indelével. Esta marca contém dados que podem ser utilizados numa variedade de aplicações, incluindo a proteção de direitos de autor, a monitorização da transmissão, a autenticação de dados ou a transmissão segura. No caso da marca de água para áudio, foram utilizadas várias técnicas para aplicar a marca de água, tais como técnicas de transformação (DWT, DCT), técnicas algébricas [40-41], uma nova conceção de marca de água cega para sinais de voz, e utilizaram a transformada discreta de wavelet (DWT) e a transformada discreta de cosseno (DCT) após a segmentação do sinal [42], um método robusto de marca de água cega para áudio utilizando a DCT e a DWT na subamostragem do sinal [43-44]. Para alcançar uma impercetibilidade de alta qualidade, a fusão é realizada contra vários ataques, tais como: re-quantização, recorte, eco, amplificação e ruído branco gaussiano aditivo (AWGN). No Apêndice B detalha-se as técnicas de marca de água DWT, DCT.

2.6 Análise de segurança

2.6.1 Criptanálise de sistemas de comunicação baseados no caos

A criptanálise é o estudo da probabilidade de sucesso de possíveis ataques [45] a sistemas de criptos, a fim de detetar eventuais pontos fracos. Um criptossistema deve ter duas propriedades criptográficas fundamentais: a confusão e a difusão. A confusão consiste em tornar a relação entre a chave e a mensagem cifrada tão complexa quanto possível. A difusão significa que uma pequena alteração na mensagem de texto simples ou na chave induz uma grande alteração na mensagem cifrada. A criptanálise tem por objetivo descobrir o espaço da chave e a sensibilidade.

2.6.1.1 Análise 1'espaço da chave secreta

A segurança de um sistema de comunicação deve depender exclusivamente da sua chave secreta e, de acordo com o princípio de Kirchhoff [46], a dimensão do espaço de chaves K é definida pelo número de pares de chaves utilizados na encriptação e desencriptação, sendo o número total de chaves diferentes utilizadas no sistema de encriptação designado sucintamente por espaço de chaves [47]. Além disso, um bom sistema de cifragem deve ter um grande espaço de chaves para compensar a degradação do PC e, assim, impedir que os invasores decifrem os dados originais mesmo depois de investirem grandes quantidades de recursos e tempo [48]. De acordo com [49], para conceber um criptossistema que resista a ataques de força bruta, a dimensão do espaço de chaves deve ser superior a $2^{128}(\approx 3.24\times10^{38})$.

2.6.1.2 Análise de sensibilidade chave

A análise da sensibilidade da chave é extremamente importante na conceção de um esquema de transmissão seguro. A alteração de um bit numa chave gera um texto cifrado completamente diferente. O cálculo da Intensidade Variável Média Unificada (UACI) e do Número de Taxas de Alteração de Amostras (NSCR) entre os dois sinais de voz cifrados permite avaliar a sensibilidade da chave. A NSCR e a UACI dos dois sinais de voz cifrados são calculadas utilizando a equação abaixo [50].

$$NSCR = \sum_{i=1}^{L} \frac{d_i}{L} \times 100\% \qquad ou\ 'd_i = \begin{cases} 1 & S'_{1,i} = S'_{2,i} \\ 0 & auterment \end{cases} \qquad (2.1)$$

$$UACI = \frac{1}{L}\left[\sum_{i=1}^{L} \frac{S'_{1,i} - S'_{2,i}}{Max}\right] \qquad (2.2)$$

$_{2i}^{\text{ieme}}$ Onde' S'-y,S' i são os dois sinais de fala com uma diferença lenta na chave em I amostras.

L: representa o comprimento do vetor de voz.

Max : depende de cada amostra de voz e sinal de áudio assumir um valor inteiro no intervalo [0-65535] e nesta situação Max=65535, feito quando se usa o ambiente Matlab, o áudio digital é normalizado no intervalo

[-1,1], então o máximo é 2.

2.6.1.3 Qualidade da encriptação

A qualidade do sinal de fala extraído do sinal cifrado é um elemento essencial, pelo que discutiremos a qualidade do sinal extraído do sinal cifrado, utilizando os dois coeficientes (correlação e SNR).

2.6.1.3.1 Coeficiente de correlação :

O áudio digital caracteriza-se por amostras adjacentes altamente redundantes e altamente correlacionadas. Um esquema de transmissão de áudio seguro e robusto deve ser capaz de eliminar este tipo de relação.

O coeficiente de correlação é uma medida da relação linear entre duas variáveis [51]. Se duas variáveis estiverem estreitamente relacionadas com uma associação mais forte, o coeficiente de correlação aproxima-se do valor 1. Por outro lado, se o coeficiente for próximo de 0, as duas variáveis não estão relacionadas e não podem ser previstas.

O coeficiente de correlação "r" pode ser calculado utilizando as seguintes fórmulas [52]:

$$r_{S_1 S_2} = \frac{\frac{1}{L}\sum_i^L (S_{1,i} - E(S_i))(S_{2,i} - E(S_2))}{\sqrt{\left(\frac{1}{L}\sum_i^L (S_{1,i} - E(S_i))^2\right)} \times \sqrt{\left(\frac{1}{L}\sum_i^L (S_{2,i} - E(S_2))^2\right)}} \qquad Où\ E(s) = \frac{1}{L}\sum_{i=1}^L S_1 \qquad (2.3)$$

Onde L é o comprimento dos sinais de voz (número de amostras).

$_{132}5$ 5 são a dupla natureza dos dois sinais (original, cifrado) ou (original, decifrado).

2.6.1.3.2 Relação sinal/ruído (SNR) :

Para confirmar o desempenho dos sistemas de encriptação digital da fala, calcula-se a SNR, ou seja, a SNR mede o ruído contínuo nos sinais de fala encriptados. Os analistas de criptografia tentam sempre aumentar o ruído contínuo no sinal encriptado, a fim de minimizar a informação nos dados encriptados. O descodificador também tenta reduzir o ruído contínuo no sinal descodificado. A relação sinal-ruído é um fator utilizado para identificar a qualidade do ruído no sinal, a relação sinal-ruído pode ser calculada pela equação abaixo [53]:

$$SNR = 10 \times \log 10 \frac{\sum_{i=1}^{L} S_{i,1}^{2}}{\sum_{i=1}^{L}(S_{1,i} - S_{2,i})^2} \qquad (2.4)$$

$S_{1,i}, S_{2,i}\ \mathrm{I}^{\text{ième}}$ representam as amostras dos sinais de voz (original, não codificado) ou (original, não codificado), respetivamente.

L Representa o comprimento dos sinais de voz.

Para autenticar que o sinal de voz encriptado recebido foi enviado do lado de confiança, a extração da marca de água é examinada pelo BER

2.6.2 Taxa de erro de bits (BER)

A BER é utilizada para verificar a semelhança entre as duas marcas de água, a imagem original e a imagem da marca de água extraída. Além disso, um BER de zero significa que não há qualquer efeito na marca de água e que a extração é bem sucedida, o que significa que o sinal de voz recebido é enviado para o lado autenticado. A BER é expressa pela seguinte fórmula [42] :

$$BER = \frac{B_{ERR}}{N} \times 100\%$$

(2.5)

$_{ERR}$Ou" B a qualidade dos bits erróneos.

N: o número de todos os bits (tamanho da marca de água).

2.7 Conclusão

Neste capítulo, apresentámos as técnicas de encriptação caótica do áudio, o método principal baseado na distorção da amplitude (mascaramento) e na distorção do tempo, e depois acrescentámos uma marca de água, onde apresentámos uma breve panorâmica da marca de água do áudio digital. Por fim, apresentámos algumas medidas de avaliação do desempenho do lado do transmissor. No lado do recetor, para reconstruir o áudio mascarado, precisamos de sincronizar o transmissor e o recetor, como explicaremos no próximo capítulo.

Capítulo 3

Sincronização de dois sistemas caóticos

3.1 Introdução

A sincronização ocorre quando dois sistemas dinâmicos evoluem da mesma forma no tempo. ^{eme}A história deste fenómeno remonta ao século XVII, quando o holandês Christian Huygene (1629-1695) fez a sua observação sobre dois relógios com frequências ligeiramente diferentes. Desde há alguns anos, a teoria dos sistemas caóticos é aplicada no domínio das comunicações, sendo difícil sincronizar dois sistemas caóticos no mundo real. É extremamente difícil construir dois circuitos idênticos devido à tolerância dos componentes e à sensibilidade dos sistemas caóticos às condições iniciais. Os investigadores descobriram recentemente soluções para o sucesso do processo de sincronização.

3.2 Sincronização de dois sistemas caóticos

Devido à sensibilidade destes sistemas caóticos às condições iniciais, a sua sincronização parece, à partida, impossível. Em 1983, a questão da sincronização foi abordada utilizando circuitos electrónicos lineares por partes [55]. Na década de 1990, *Pecora* e *Carroll* [56-57] mostraram que dois sistemas caóticos idênticos com condições iniciais diferentes podem eventualmente ser sincronizados sob certas condições.

3.2.1 Métodos de sincronização caóticos

Os métodos tradicionais de sincronização baseiam-se geralmente na utilização de circuitos idênticos. Suponhamos que dois sistemas caóticos idênticos oscilam de forma completamente independente. Se, por qualquer meio, lhes for permitido trocar energia, uma ação conhecida como "acoplamento", os dois sistemas acabarão por dar lugar a um comportamento comum - sincronizar-se-ão.

3.2.1.1 Sistemas classificados:

Os sistemas caóticos podem ser acoplados numa direção (acoplamento unidirecional) ou em ambas as direcções (acoplamento bidirecional) [58].

Acoplamento bidirecional: neste caso, o elemento de acoplamento permite a troca de energia em ambas as direcções. Na prática, é utilizada uma resistência para assegurar este tipo de acoplamento.

Acoplamento **unidirecional:** no caso do acoplamento unidirecional, a energia é transferida de um sistema para outro utilizando um elemento de acoplamento que funciona apenas numa direção, como um servidor. Na prática, por exemplo, um simples circuito eletrónico baseado num amplificador montado como seguidor realiza esta tarefa.

$\dot{x}_a = f(x_a)$ et $\dot{x}_b = f(x_b)$ Para ilustrar estes dois conceitos, tomemos os dois sistemas caóticos idênticos a e b de dimensão 3 descritos por . O diagrama de acoplamentos possíveis entre os dois sistemas é dado na Fig.3.1.

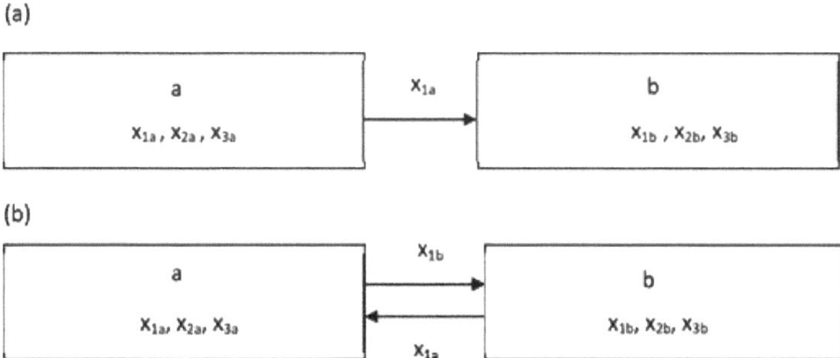

Fig.3.1: Diagrama de acoplamento: (a) unidirecional, (b) bidirecional.

Definição3.1: A sincronização pode ser descrita pela seguinte definição:

Considere os dois sistemas

$$\begin{cases} \dot{x} = f_1(x) \\ \dot{y} = f_2(y) \end{cases} \tag{3.1}$$

$x, y \in R^n, f_1 et f_2 \cdot R^n \to R^n$ Com duas funções não lineares definidas por . Diz-se que os dois sistemas estão sincronizados se :

$$\lim_{t \to \infty} \|y(t) - x(t)\| = 0 \tag{3.2}$$

$y(t) - x(t)$ Onde representa o erro de sincronização para todas as condições iniciais $x(0)$ e $y(0)$.

3.2.2 Tipos de sincronização

Existem vários tipos de sincronização propostos na literatura, como a sincronização de acoplamento unidirecional, a sincronização de acoplamento bidirecional, a sincronização idêntica de *Pecora* e *Caroll* [55-58] e a sincronização do observador [59].

3.2.2.1 Sincronização com um observador

A sincronização unidirecional de dois sistemas caóticos pode ser considerada como um problema de observador não linear, em que se propõe a utilização de observadores para estimar estados desconhecidos de um sistema que não são diretamente mensuráveis. Vários tipos de observadores têm sido descritos na literatura, incluindo observadores adaptativos [60] e observadores de modo deslizante [61]. A Fig.3.2 ilustra este princípio de sincronização.

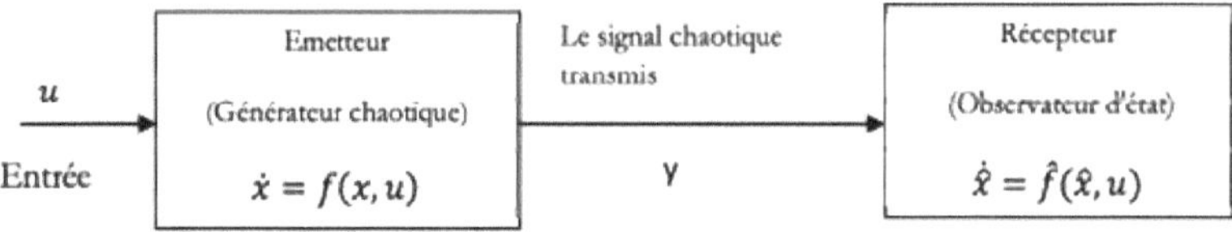

Fig.3.2-Princípio da sincronização por meio de um observador.

$\dot{\hat{x}} = \hat{f}(\hat{x}, u) \quad \dot{x} = f(x, u), \hat{f}$ Por este princípio, dizemos que o emissor e o recetor sincronizam se o sistema observador converge para o sistema o problema da sincronização resume-se a determinar uma função tal que :

$$\lim_{t \to \infty} \|x(t) - \hat{x}(t)\| = 0 \qquad\qquad (3.3)$$

3.2.2.2 Sincronização idêntica

Sincronização idêntica baseada nas propriedades de acoplamento de dois ou mais sistemas. Sincronização idêntica desenvolvida com base em circuitos caóticos acoplados. Para ilustrar o método de sincronização por acoplamento entre dois sistemas caóticos, optámos por apresentar a sincronização idêntica proposta por *Pecora* e *Carroll*.

3.2.2.3 Sincronização idêntica de Pecora e Carroll

Esta sincronização baseia-se no conceito "Master-Slave". O objetivo de um sinal escravo é reproduzir fielmente o sinal mestre. O sistema "mestre" é também chamado transmissor e o sistema "escravo" é chamado recetor. A Fig.3.3 mostra o processo de decomposição em subsistemas:

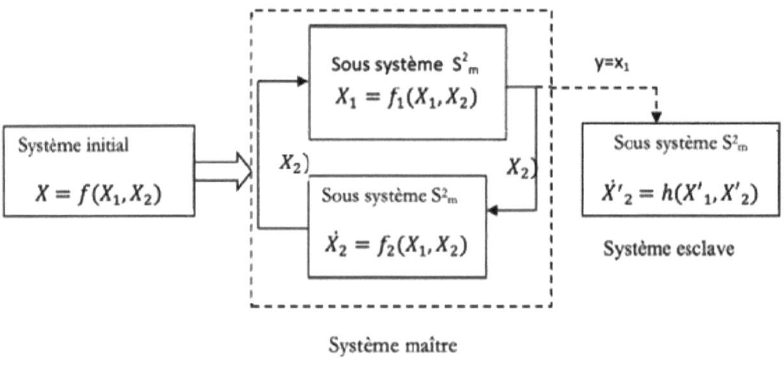

Système maître

Sistema principal

Fig.3.3- Estrutura de sincronização utilizando decomposição em subsistemas.

$\dot{X}(t) = f(X(t))$; $X = f(X_1, X_2)$ Suponhamos que um sistema caótico idêntico de dimensão n é decomposto em dois subsistemas tais que

$$\begin{cases} \dot{X}_1 = f_1(X_1, X_2) \\ \dot{X}_2 = f_2(X_1, X_2) \end{cases} \qquad\qquad (3.4)$$

De dimensão (m e k) respetivamente com n-m+k.

$_2$*Pecora* e Carrol derivaram então deste sistema um subsistema X' idêntico ao subsistema X, tal que $_2\dot{X}'_2 = h(X_1, X'_2)$.

Será utilizada a configuração de *Pecora* e *Carrol* para a sincronização idêntica do caos.

$$\left.\begin{aligned}\dot{X}_1 &= f_1(X_1, X_2)\\ \dot{X}_2 &= f_2(X_1, X_2)\end{aligned}\right\} \quad \text{système maitre} \tag{3.5}$$

$$\dot{X}'_2 = f_2(X_1, X'_2)\} \quad \text{système esclave} \tag{3.6}$$

sistema mestre

sistema escravo

Note-se que o acoplamento entre os sistemas é produzido pela variável $X^\wedge$ no sistema principal (3.4), que é substituída pela sua análoga $X^\wedge$ no subsistema (3.6). $_2$Assim, a sincronização de duas saídas X e $X'2$ implica :

$$\Delta X_2 = \lim_{t \to \infty} \|X'_2 - X_2\| \to 0 \tag{3.7}$$

Este resultado pode ser verificado da seguinte forma:

$$\Delta X_2 = X'_2 - X_2 \to \Delta \dot{X}_2 = f_2(X_1, X'_2) - f_2(X_1, X_2) \tag{3.8}$$

Quem é igual a

$$D_{X_2} f_2(X_1, X_2) \times \Delta X_2 \tag{3.9}$$

Ou

$$D_{X_2} f = \left.\frac{\partial f_2}{\partial X_2}\right|_{\vec{X_2} = \vec{X}_2 (t)} \tag{3.10}$$

A matrizjacobiana do subsistema X_2

$_{22}$Deduzimos que o estudo da convergência de ΔX para zeros equivale ao estudo dos expoentes de Lyapunov do subsistema X. Como consequência, Pecora e Carrol enunciaram o seguinte teorema:

Teorema.3.1:

Os sistemas mestre e escravo estão sincronizados se e só se todos os expoentes de Lyapunov do sistema escravo, designados por expoentes de Lyapunov condicionais, forem negativos.

3.5 Conclusão

Na primeira parte deste capítulo, apresentámos os principais métodos de sincronização e, em seguida, explicámos o princípio do método de sincronização idêntico de *Pecora* e *Carroll*. A técnica de sincronização apresentada por *Pecora* e *Carroll* sofre de uma elevada sensibilidade às variações dos parâmetros. Para se obter uma sincronização perfeita entre os sistemas mestre e escravo. É ainda necessário encontrar os parâmetros de controlo adequados, e é isso que vamos fazer aplicando os algoritmos de otimização que discutimos anteriormente.

Capítulo 4

Métodos propostos para a transmissão segura de áudio digital digital

4.1 Introdução

Apresentaremos um projeto de um sistema de comunicação de alta segurança que utiliza dois níveis de encriptação baseados em sistemas caóticos. O primeiro nível é o mascaramento caótico, enquanto o segundo nível é a codificação caótica. O modelo do sistema proposto é apresentado na Fig.4.1.

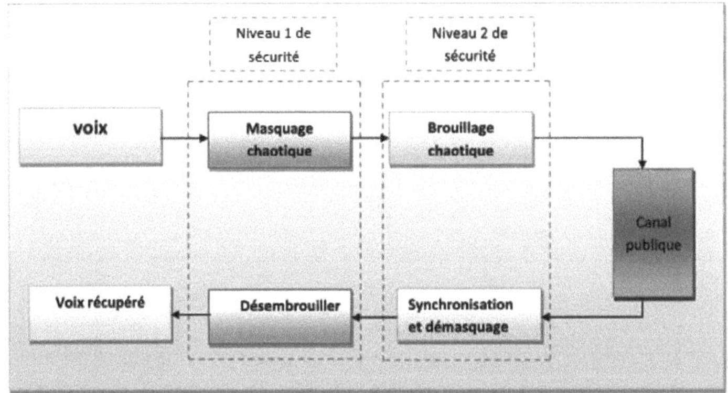

Fig.4.1 Diagrama de blocos do sistema de cifragem proposto.

4.2 Métodos de encriptação

Ao nível da máscara, escolhemos dois geradores caóticos: o primeiro gerador caótico é um híbrido entre o *mapa logístico* (1.1) e o *mapa de tenda* (1.2), enquanto o segundo gerador é o sistema *Chua*.

Ao nível da codificação, é utilizada uma chave de codificação através do mapa Arnold (1.3) para difundir amostras de sinal utilizando uma chave secreta.

4.2.1 Esconder-se num gerador caótico: hibridação entre *mapa logístico* e *mapa de tenda*

4.2.1.1 Estudo do transmissor

Neste método, apresentamos um novo esquema de encriptação para melhorar a segurança da informação de voz em sistemas de comunicação. Construímos um híbrido de três abordagens ao nível do transmissor:

♦   ♦♦ Mapas caóticos: *mapa Lxgpstique* (1.1), *Tantmcp* (1.2) para gerar um vetor de arbitragem por alguns valores iniciados principalmente para se juntarem ao sinal de fala original.

♦   Uma imagem *de marca de água* é incorporada no sinal encriptado para efeitos de verificação, o áudio com marca de água é combinado com o sinal caótico utilizando uma chave caótica para gerar um ficheiro durante o processo de desencriptação. O sinal encriptado deve ser autêntico e livre de ataques no final.

♦   ♦♦ A terceira abordagem usa uma chave de embaralhamento pelo mapa de Amold (1.3) é usado para transmitir amostras de sinal usando uma chave secreta, a recuperação do sinal original a partir das amostras não é possível sem esta chave. Ver figuras Fig.4.2.

O processo de encriptação começa com a leitura de um sinal de voz armazenado no disco rígido utilizando uma função Matlab, em que o Matlab recomenda que se represente o ficheiro de voz no intervalo [-1 ,1], e depois também se lê o ficheiro *da marca de água*. *Os* passos seguintes são os seguintes:

1-   Nesta etapa, o utilizador introduz uma chave (chave 1) para incorporar de forma segura a marca de água no sinal de voz original. O esquema considerado para a incorporação da marca de água é apresentado em [62]. Neste método, a *marca de água* foi incorporada no domínio DCT e DWT e foi utilizada uma subamostragem técnica. Este método oferece controlo da incorporação da transparência e robustez da marca de água com um valor de offset (Δ). Este passo produz um sinal de fala marcado com uma das informações secretas (*marca de água*) denominada Wtr_Sp.

2- O *mapa logístico* (1.1) e o *mapa de tenda* (1.2) criam dois sinais caóticos, dependendo dos valores iniciais introduzidos pelo utilizador. Estes sinais caóticos são gerados e designados por Lg_S e Tn_S, respetivamente.

3- Usando as fórmulas abaixo, os três sinais Lg_S, Tn_S e Wtr_Sp são misturados para produzir um novo sinal chamado Mx_Sg :

$$\begin{cases} Mx\_Sg_i = Tn\_S_i \times Wt\_Sp_i + (1 - Tn\_S_i)Lg\_S_i) - 1; & Wt\_Sp_i \geq 0 \\ Mx\_Sg_i = Tn\_S_i \times Wt\_Sp_i + (1 - Tn\_S_i)Lg\_S_i) + 1; & Wt\_Sp_i < 0 \end{cases} \qquad (4.1)$$

Onde i: representa o índice da amostra.

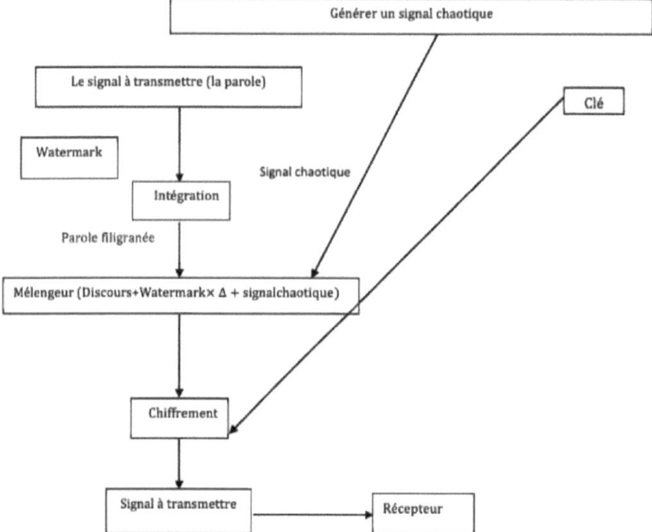

Fig.4.2 Fluxograma do esquema de encriptação

4- Decompor o Mx_Sg em segmentos, em que o comprimento de cada segmento é um número quadrado.

5- Antes de aplicar a transformação de Amold, cada segmento é remodelado numa matriz 2D (N XN elementos).

6- O utilizador insere outra chave (chave 2), e o processo de encriptação utiliza esta chave em cada matriz para baralhar os seus elementos com a transformação de Amold.

7- Transformar cada matriz baralhada num vetor de ID de comprimento N2.

8- Para obter o sinal de voz encriptado final, o processo de encriptação recolhe o segmento com outro.

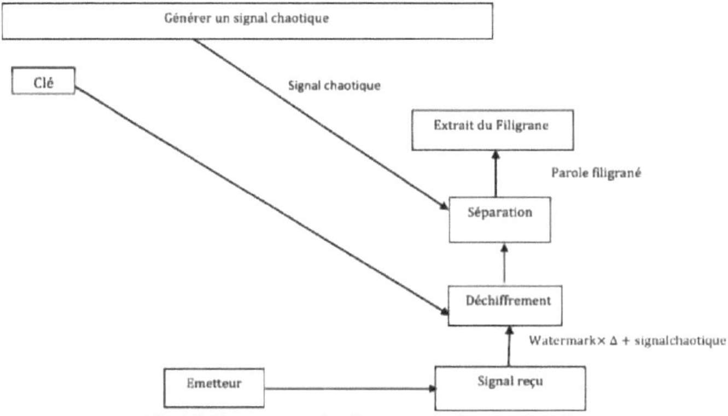

Fig.4.3 Fluxograma do diagrama de desencriptação

4.2.1.2 Estudo do recetor

O recetor é utilizado para recuperar a mensagem (sinal de voz). Utilizando a chave caótica anterior, o sinal recebido é desencriptado eliminando o mesmo sinal caótico gerado no transmissor. Extraímos a marca de água do sinal desencriptado e verificamos o sinal obtido em relação ao original para garantir a sua originalidade sem degradação, ver Fig.4.3 :

1-   Os passos 4 e 5 do processo de encriptação são aplicados ao sinal de voz encriptado

2-   A transformada inversa de Arnold é aplicada a cada matriz 2D utilizando a mesma chave (chave 2) que anteriormente.

3-Reformular cada matriz recuperada como um vetor de ID de comprimento N2.

4-Combinar os segmentos recuperados uns com os outros para produzir Mx_Sg_i'.

5- A mesma segunda fase do processo de encriptação é aplicada sem modificar o valor inicial.

6-A separação de amostras de sinais de voz desencriptados é efectuada em conformidade com os seguintes elementos

$$\begin{cases} Wtr\_Sp_i' = \dfrac{Mx\_Sg_i' + 1 - (1 - Tn\_S_i)Lg\_S_i)}{Tn\_S_i} \, Mx\_Sg_i < 0 \\ Wtr\_Sp_i' = \dfrac{Mx\_Sg_i' - 1 + (1 - Tn\_S_i)Lg\_S_i)}{Tn\_S_i} \, Mx\_Sg_i \geq 0 \end{cases} \qquad (4.2)$$

$_{it}Onde: Wtr\_Sp'$ é o sinal de voz descodificado e Mx_Sg' é o resultado do quarto passo.

Até esta fase, o sinal de voz é desencriptado, mas não confirmado. Para verificar se o sinal de voz é seguro, enviado do lado da autenticação, o processo de desencriptação é mantido com estes passos:

7-Extrair a marca de água contínua (*Walermark*) no sinal de voz cifrado usando a mesma chave (del) no processo de extração dado em [62].

8 - A autenticação do sinal de voz desencriptado é controlada através da verificação da semelhança entre a marca de água extraída e a marca de água original. Assim, quanto maior for a semelhança entre os dois sinais de voz desencriptados, maior será a autenticação.

33

4.2.2 Mascaramento por um sistema caótico *de Chua*

Nesta secção, apresentamos uma proposta para um sistema de comunicação de alta segurança que utiliza dois níveis de encriptação baseados em sistemas caóticos de alta dimensão (HD). No transmissor, o primeiro nível é o mascaramento caótico utilizando o sistema caótico *Chua,* enquanto o segundo nível é a codificação do áudio encriptado utilizando um *mapa de Alrond.* No recetor, o mascaramento é removido utilizando uma versão de sincronização *Pecora Carroll* do sistema caótico.

4.2.2.1 Estudo do transmissor

O transmissor é um sistema caótico em tempo contínuo com o seguinte circuito *de Chua* (1.4):

$$\begin{cases} \dot{x}_1 = \alpha(x_2 - x_1 - f(x_1)) \\ \quad \dot{x}_2 = x_1 - x_2 + x_3 \\ \quad \dot{x}_3 = -\beta(x_2 - x_3) \end{cases} \tag{4.3}$$

$x_1(0) = 1 , x_2(0) = 0.5 , x_3(0) = -1$ $\alpha = 15.7$ et $\beta = 28,$ Para mascarar o sinal áudio original depois de aceder às condições iniciais e aos parâmetros do sistema *de Chua,* respetivamente: e que são considerados como uma chave de encriptação (del), a Fig.4.5 representa o modelo de mascaramento caótico. Os pormenores do algoritmo de mascaramento e codificação caóticos são apresentados a seguir:

1-   O sinal de áudio m(t) é adicionado a um sinal de controlo de um gerador de chua caótico para obter um sinal de áudio encriptado *s(t).*

2-   O sinal de áudio cifrado é dividido em quadros de comprimento conhecido, cada um dos quais é dividido em subquadros (segmentos).

3-   Antes de aplicar a transformação de Amold, cada segmento é remodelado em elementos de matriz 2-D (NXN).

4-   Depois de inserir outra chave (chave 2), o processo utiliza esta chave em cada matriz para baralhar estes elementos através da extensão do algoritmo de Arnold.

5-   Transformar cada matriz baralhada num vetor de ID de comprimento N2.

6-   Para obter o sinal de voz encriptado final, o processo de encriptação recolhe-o sabiamente com outro.

Para recuperar o sinal áudio encriptado, sincronizaremos o transmissor e o recetor utilizando a sincronização *Pecora* e *Carroll.*

4.2.2.2 Sincronização de Pecora e Carroll de dois sistemas caóticos de Chua

Utilizamos o circuito da Fig.1.6 como emissor, depois de ajustado o valor de R para obter o regime caótico, e o circuito da Fig.4.4 como recetor. Ajustamos o controlo do parâmetro R do recetor para obter também o regime caótico. Ambos os circuitos podem então funcionar no seu modo caótico (duplo enrolamento). $_{Ci}$O acoplamento entre os dois circuitos é conseguido através da tensão eléctrica V do emissor. Este sinal do emissor passa por um seguidor de amplificador operacional antes de ser utilizado para acoplar ao recetor r(t).

O recetor está dividido em dois subsistemas, claramente representados na Fig.4.4. Estes dois subsistemas estão ligados entre si por um amplificador operacional seguidor para desacoplar os dois subsistemas. $_{Z}$O primeiro subsistema inclui o condensador C, a resistência R e a indutância L. $_{R}$O segundo subsistema é constituído pela resistência R, a capacitância C_1 e a resistência *de Chua* N .

O comportamento do primeiro subsistema *RL* do recetor é dado pelo seguinte sistema de equações:

$$\begin{cases} C_2 \dfrac{dV_2}{dt} = \dfrac{1}{R}\left(r(t) - i_L\right) \\ \quad L\dfrac{di_L}{dt} = -V_2 \end{cases} \tag{4.4}$$

$_1$A tensão V controla o segundo subsistema *RC*. O seu comportamento é

é dada pela seguinte equação:

$$C_1 \frac{dV_1}{dt} = \frac{1}{R}(V_2 - V_1) - f(V_2) \tag{4.5}$$

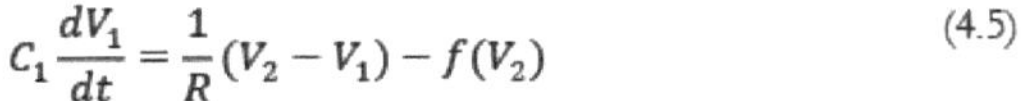

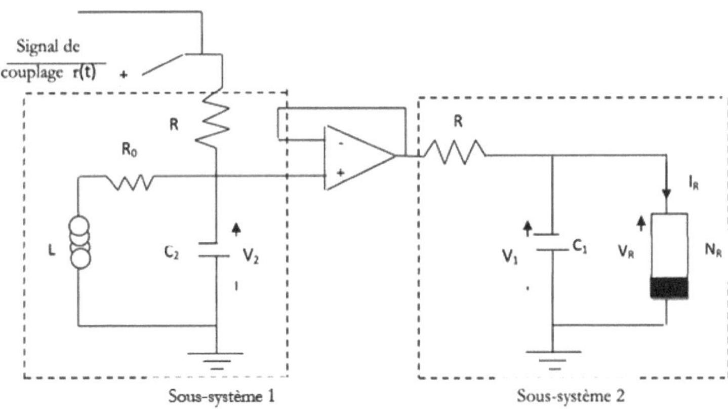

Fig.4.4 Recetor Chua dividido em subsistemas.

Quando os valores dos componentes electrónicos da resistência de Chua são os mesmos, observa-se um fenómeno de sincronização entre o emissor e o recetor. $_{11}$A tensão V no recetor sincroniza-se com a tensão V no emissor. Apresentam as mesmas variações temporais.

4.2.2.3 Estudo do recetor

O recetor é um sistema idêntico ao transmissor, acrescido de um subtrator simples para remover com êxito a máscara caótica, de acordo com o esquema de sincronização de *Pecora* e *Carroll*, como explicado anteriormente. $_m$Este esquema baseia-se no envio de um sinal de controlo X , que é uma simples adição entre o sinal de saída do emissor *y(t)* e a mensagem(t). O sinal s(t) é transmitido ao recetor através do canal de transmissão, assumindo que apenas este canal é ideal, ver Fig.4.5.

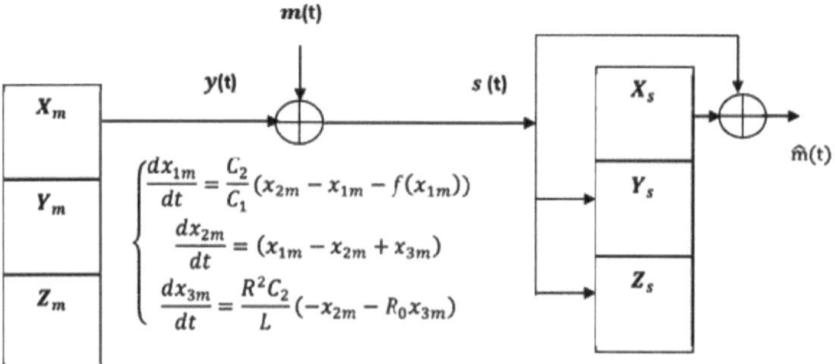

Fig.4.5 Mascaramento e desmascaramento caótico do sistema *Chua*.

4,2,2,4 O sinal de controlo para a sincronização

Ou o seguinte sistema Maitre du *Chua*:

$$\begin{cases} \dfrac{dx_{1m}}{dt} = \alpha(x_{2m} - x_{1m} - f(x_{1m})) \\[2mm] \dfrac{dx_{2m}}{dt} = (x_{1m} - x_{2m} + x_{3m}) \\[2mm] \dfrac{dx_{3m}}{dt} = \beta(-x_{2m} - R_0 x_{3m}) \end{cases} \tag{4.6}$$

Para a escolha do subsistema "escravo", são possíveis três configurações de duas variáveis

$$\begin{cases} \dfrac{dx_{1s}}{dt} = \alpha(x_{2s} - x_{1s} - f(x_{1s})) \\[2mm] \dfrac{dx_{2s}}{dt} = (x_{1s} - x_{2s} + x_{3s}) \end{cases} \tag{4.7}$$

$(x_{1m}, x_{2m})\, x_{3m}$ configuração com entrada de acoplamento

$$\begin{cases} \dfrac{dx_{1s}}{dt} = \alpha(x_{2s} - x_{1s} - f(x_{1s})) \\[2mm] \dfrac{dx_{3s}}{dt} = \beta(-x_{2s} - R_0 x_{3m}) \end{cases} \tag{4.8}$$

$(x_{1m}, x_{3m}) : x_{2m}$ configuração com entrada de acoplamento

$$\begin{cases} \dfrac{dx_{2s}}{dt} = (x_{1s} - x_{2m} + x_{3s}) \\[2mm] \dfrac{dx_{3s}}{dt} = \beta(-x_{2m} - R_0 x_{3s}) \end{cases} \tag{4.9}$$

$(x_{2m}, x_{3m}) : x_{1m}$ Configuração com entrada de acoplamento

No nosso trabalho, propomos o sistema Master (4.6) com o sistema Slave (4.9), como mostra a Fig.4.6.

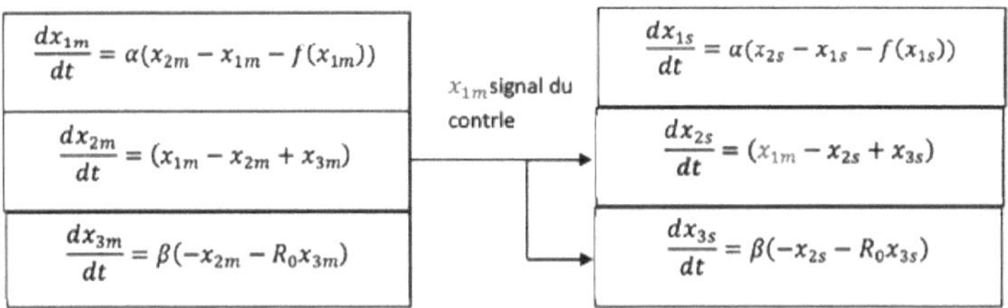

Fig.4.6. Método de sincronização de *Pecora e Caroll*.

Para tal, é definido um conjunto de vectores designados por vectores de erro de estado, que representam a diferença entre os estados mestre e escravo.

e_{x1}, e_{x2} et e_{x3} Os estados de erro são dados por

$$e_{x1} = x_{1m} - x_{1s}$$
$$e_{x2} = x_{2m} - x_{2s} \tag{4.10}$$
$$e_{x3} = x_{3m} - x_{3s}$$

Subtraindo o sistema mestre do sistema escravo obtém-se :

$$\begin{aligned}
\dot{e}_{x1} &= \dot{x}_{x1m} - \dot{x}_{x1s} \\
&= (\alpha(x_{2m} - x_{1m} - f(x_{1m}))) - (\alpha(x_{2s} - x_{1s} - f(x_{1s}))) \\
&= \alpha(x_{2m}\text{-}x_{2s} - f(x_{1s})) - (x_{1m}\text{-}x_{1s}) - f(x_{1m})) \\
&= \alpha(e_{x2}\text{-}e_{x1})
\end{aligned} \tag{4.11}$$

E também recebemos :

$$\dot{e}_{x2} = e_{x1} - e_{x3} \tag{4.12}$$
$$\dot{e}_{x3} = -\beta(e_{x1} + R_0 e_{x3}) \tag{4.13}$$

Que pode ser descrito como :

$$\dot{e} = A(t)e \tag{4.14}$$

Pode mostrar-se que a verdade completa da sincronização é globalmente estável assimptoticamente na origem para qualquer escolha de sinal de controlo para estas condições.

Considerando:

$$E(e) = 1/2(1/\alpha e_{x1}^2 + e_{x2}^2 + 1/\beta e_{x3}^2) \tag{4.15}$$

$$\dot{E}(e) = (1/\alpha \dot{e}_{x1} e_{x1} + \dot{e}_{x2} e_{x2} + \frac{1}{\beta}\dot{e}_{x3} e_{x3})$$

$$= ((e_{x2} - e_{x1})e_{x1} + (e_{x2} - e_{x3})e_{x2} - (e_{x2} + R_0 e_{x3})e_{x3})) \tag{4.16}$$

$$= -e_{x1}^2 + e_{x1}*e_{x2} + e_{x2}*e_{x2} - e_{x2}^2 - e_{x3}*e_{x2} - R_0 e_{x3}^2$$

$$= -\left(e_{x1} - \frac{1}{2}e_{x2}\right)^2 - \frac{3}{4}e_{x2}^2 - R_0 e_{x3}^2$$

$R_0 > 0 \quad \dot{E} < 0$, Sabemos que , e a partir de , feito e De acordo com o método do expoente de Lyapunov direto, o sistema é assintoticamente estável.

Por conseguinte, quaisquer que sejam as condições iniciais impostas entre os sistemas emissor e recetor, a sincronização ocorre quando $t \to \infty$:

$$\lim_{t \to \infty} e_{x1}(t) = \lim_{t \to \infty} e_{x2}(t) = \lim_{t \to \infty} e_{x3}(t) = 0 \tag{4.17}$$

A recuperação da mensagem (áudio) depende do erro de sincronização; quanto menor for o erro de sincronização, maior será a recuperação.

Voltando à Fig.4.5, o sinal recebido é dado por :

$$s(t) = X_m(t) + m(t) \tag{4.18}$$

e o sinal de voz recuperado é:

$$\hat{m}_s(t) = s(t) - X_s(t) = [X_m(t) + m(t)] - X_s(t) = e(t) + m(t) \tag{4.19}$$
$$\hat{m}_s(t) = e(t) + m(t)$$

Com $X_m(t) - X_s(t) = e_{x1}(t)$

O efeito da presença do sinal de informação durante a sincronização no recetor é tido em conta. Ameer. K, Jawad et al. mostraram que, para neutralizar este efeito, o sinal de informação é reenviado para o emissor caótico [17]. Noutros casos, o erro de sincronização é causado por variações nos parâmetros do emissor e do recetor, uma vez que não é muito fácil tornar os dois sistemas semelhantes.

4.4 Avaliação dos métodos propostos no nosso trabalho:

No processo de codificação, são efectuados três tipos de testes para verificar o desempenho dos sistemas propostos. Estes testes são:

♦♦♦ a verificação da criptanálise e a verificação da inteligibilidade do discurso seguro ou o teste da qualidade da cifragem, bem como o controlo e a autenticação das *marcas de água:*

4.4.1 Avaliação do método de cifragem com mapas caóticos *{logística, tenda, Arnold)*

4.4.1.1 Criptanálise caótica :

A criptanálise tem como objetivo descobrir o espaço e a sensibilidade da chave

-Espace de cle:

$_{00}$As chaves deste método são compostas pelas condições iniciais e pelos parâmetros *(a , r~), (b , u)* do mapa logístico e do mapa tant, respetivamente, como se mostra no quadro 5.2, e pela chave de baralhamento do *Arroldmap.*

-Análise de sensibilidade chave

Também tentámos testar e examinar a sensibilidade do algoritmo de encriptação alterando uma ou mais chaves. Para o efeito, calculámos o NSCR e o UACI.

4.4.1.2 Verificação da ininteligibilidade do discurso

Este é um fator importante no processo de mascarar e baralhar o discurso.

- Efeito dos processos de encriptação e dëcryption:

Mediremos os valores SNR e o valor do coeficiente de correlação no caso da encriptação e da desencriptação.

4.4.1.3 Controlo e autenticação da *marca de água* :

O objetivo desta operação é reforçar ainda mais a segurança e a credibilidade e resistir a certos AWGNs que acrescentam ruído branco gaussiano aos valores BER.

4.4.2 Avaliação do método de cifragem utilizando o sistema caótico *de Chua* e *Arnoldmap*

Vamos avaliar a eficácia deste método utilizando os mesmos coeficientes que os anteriores, que têm os valores iniciais e os parâmetros $(x_{1m0}, x_{2m0}, x_{3m0}, \alpha, \beta, K)$ dos circuitos de *Chua* e *Arnold*, respetivamente.

4.5 Conclusão

Neste capítulo, propusemos um novo esquema para a transmissão segura de um sinal de voz baseado em sistemas caóticos. O esquema proposto utiliza dois níveis de encriptação baseados em sistemas caóticos: o primeiro nível é o mascaramento, enquanto o segundo nível é a codificação. No nível de mascaramento, usamos dois tipos de sistema: no primeiro, mascaramos o áudio usando um híbrido entre mapas logísticos (*mapa* e *tenda*), enquanto no segundo método mascaramos o sinal de áudio usando o sistema caótico *Chua*. Neste último caso, a mensagem será recuperada no recetor após a sincronização de *Pecora* e *Carroll*.

Conclusão geral

Conclusão geral

Com o desenvolvimento das comunicações por modem e das tecnologias multimédia, e devido à sensibilidade dos dados de voz, tornou-se muito importante proteger estes dados nas comunicações digitais com sistemas de cifragem rápidos e seguros antes da sua transmissão ou distribuição, sem se preocupar com a interceção e os seus sensores. Para o efeito, concebemos dois sistemas de comunicação vocal de alta segurança que utilizam dois níveis de encriptação baseados nos sistemas caóticos descritos no Capítulo 1. O primeiro nível é o mascaramento caótico, que se baseia em dois tipos de sistemas caóticos, enquanto o nível de codificação utiliza o mapa de *Arlond (mapa Cat)*.

No primeiro método, utilizámos uma hibridização dos mapas caóticos *(mapa logístico e mapa de tenda)* com o sinal de áudio original. A integração do sistema caótico de baixa dimensão optimiza o espaço-chave e resulta num sistema complexo para integrar os valores originais do sinal de fala, mas isto conduz a uma maior complexidade computacional e tempo de computação.

Na segunda abordagem, mascarámos o áudio utilizando um sistema caótico *Chua*, que é um dos sistemas com comportamentos dinâmicos ricos e complexos e um grande espaço de chaves. A recuperação do áudio confidencial envolve primeiro a sincronização dos dois sistemas caóticos e a utilização de *Pecora e Caroll,* que é descrita em pormenor no Capítulo 3. O sistema caótico de *Chua* oferece uma segurança elevada com um espaço de chaves maior e funcionamento em tempo real, devido à sensibilidade das chaves a uma ligeira alteração num dos parâmetros ou no estado inicial do sistema de *Chua* e a valores inesperados do estado do sinal.

Referências

[1] D. Ambika. E V. Radha, "Secure Speech communication - A Review", International Journal of Engineering Research and Applications (IJERA), Vol. 2 Issue 5 PP. 1044-1049 (2012).

[2] B. Sadkhan SattarandA. Abbas Nidaa, "Performance Evaluation of Speech Scrambling Methods Based on Statistical Approach" ATTI DELLA "Fonazione Giorgio Ronchi" AnnoLxvi, No. 5 PP. 601-6014 (2011).

[3] R. Gnanajeyaraman, K. Prasadh e Dr. Ramar, "Audio encryption using higher dimensional chaotic map", International Journal of Recent Trendsin Engineering, Vol. 1, No. 2, pp. 103-107,May2009

[4] M. Ahmad, B. Alam e O. Farooq, "Chaos based mixed key stream generation for Voice data encryptions", International Journal on Cryptography and Informaton Security (IJCIS), Vol. 2, No. 1, março de 2012.

[5] A. V. Prabu, S. Srinivasarao, T. Apparao, M. J. Rao e K. B. Rao, "Encriptação de áudio em aparelhos telefónicos", Jornal Internacional de Aplicações Informáticas, Vol. 40, n.º 6, pp. 40-45, fevereiro de 2012

[6] M. Ashtiyani, P. M. Birgani e S. K. Madahi, "Speech Signal Encryption Using Chaotic Symmetric Cryptography", Journal of Basic and Applied Scienctific Research, Vol. 2, No. 2, pp. 1668-1674, 2012

[7] F. Anstett, "Os sistemas dinâmicos caóticos para o sistema de taxas: síntese e análise criptográfica", These, Universidade Hanri Poincare, Nancyl, 2006

[8] E. Cherrier, "Estimation de I'etat et des entrees inconnues pour une classe de systeme non lineaires", These, Institut National Polytechnique de Lorraine, 2006.

[9] S.Najim Al Saad, E. Hato, "A Speech Encryption based on Chaotic Map", International journal ofComputer Application (0975-8887), Vol. 93, No. 4, May 2014.

[10] M. Ammar Raheema, B. Sattar, S. SMIEE, M Sinan Majid, "Melhoria do desempenho da técnica de scramling de fala baseada em muitos sinais caóticos", Conferência Internacional sobre Ciência e Engenharia da Computação (CSASE), Duhok, Região do Curdistão-Iraque, 2020. outubro de 2015.

[11] E. Hato, S. Dayla, "Lorenz and Rossler Chaotic System for Speech Signal Encryption", International Journal of Computer Application (0975-8887), Vol. 128, No. 11,

[12] F. Mahmode, M. Shalaby, Y. Kamal, S. El Ramly, "A Speech Cryptosystem Based on Chaotic Modulation Technique", Egyptionjournal ofLanguage Engineering, Vol. 4,No,l,2007.

[13] N. Hikmat Abdullah, S. Saad. Hreshee, e K. Ameer "Design of Efficient Noise Reduction Scheme For Secure Voice Masked By Chaotic Signals", Journal of American Science 2015; Vol. 11, No.7, pp. 49-55.

[14] K. Ameer, N. Abdullah, S. Saad /Secure Speech Comminication System Based on Scrambling and Masking by Chaotic Map", Conferência Internacional sobre Avanço em Engenharia e Aplicação Sustentável (ICASEA), Wasit University, kut, Iraque, 2018.

[15] U. Parlitz, L.O. Chua, L. Kocarev, K.S. Halle e A. Shang, 'Transmission of digital signals by chaotic synchronization", International journal of Bifurcation and Choas, Vol. 2, No. 4, pp. 973-977, 1992.

[16] L.M. Pecora e T.L. Carroll, "Synchronization in Chaotic Systems", Physicals Review and Letters, pp. 821-824,1990.

[17] L.M. Pecora e T.L. Carroll, 'Synchronization Chaotic Systems", *IEEE Trans. Circuitand Systems*, vol. 38, pp. 453-456, 1991

[18] M. Lakshmanan, S.Rajaseekar, "Nonlinear Dynamics Integrability, Chaos and Patterns". Textos Avançados de Física, Editora Springer-Verlag Berlin Heidelberg, 2003.

[19] S. Wiggins, "Introduction to Applied Nonlinear Dynamical Systems and Chaos", Texts in Applied Mathematics, Springer-Verlag New York, 2003.

[20] A. Wolf, J.B. Swift,H.L.Swinneye J.A.Vastano, "Determining Lyapunov exponents from a time series", Physica D, Vol. 16, pp. 285-317, 1985.

[21] M. L'Hemault, "Feasabilite d'un Systeme d'Emission-Reception Analogique pour les Communications Securisees parle Chaos", Tese, Universite de CergyPontoise, 2007.

[22] L.O. Chua, C.W. Wu, A. Huang e G.-O. Zhong, *"K universal Circuit for Studying and Generating Chaos-Part I: Routes to Chaos'IEEE Trans. Circuits and Systems-!: fundamental Theory and Application,* Vol. 40, No. 10, outubro, 1993.

[23] L*.O. Chua, 'Global Unfolding of Chua's Circuit", *IEEE Trans. Fundamental,* Vol. 76, No. 5, pp.704733, 1993.

[24] L.O. Chua, L. Kovarev, K. Eckert, e M. Itoh, *"Experimentalchoas synchronisation in Chua's circuit",* International journal ofBifurcation and Choas, Vol. 2,pp. 705-708,1992.

[25] E. Ott, C. Grebogi,&Yorke, J. A. [1990] "Controlling chaos," PhysicalReviewLetters64, pp. 1196-1199.

[26] L.O. Chua, & G.N. Lin, [1990] "Canonical realization of Chua's circuit family," IEEE Transaction on Circuits and Systems-I 37, pp. 885-902.

[27] A. V. Prabu, S. Srinivasarao, T. Apparao, M. Jaganmohan e K. Babu Rao, "Audio encryption in handsets," *international\journal ofComputerApplications,* vol. 40, n.º 6, fevereiro de 2012

[28] B. Boulebtateche, M. M. Lafifi, e S. Bensaoula. Um algoritmo de encriptação multimédia baseado no caos. [Online]. Disponível em: https://www.researchgate.net/publication/228437181.

[29] G. Djamal Eddine , "Função logística e padrão caótico para encriptação de imagens satellitaires", tese de mestrado, 2011, Universite Mentouri de Constantine

[30] R.James Drummond, **Analogue-to-Digital** Conversion", Microprocessor Interfacing Techniques, PP.89-108, setembro de 1997.

[31] http://www.tsp.ecemcgil.ca/mmsp/documents / AudioFormats/

[32] Brooks,W. David ; Carr, Adam and Edkins, Keith; et al, (2004), "Data Compression", Wikipedia the Free Encyclopedia, GNU Free Documen -tation License, Boston, U.S.A.

[33] A. Chan Carusone, "Digital Algorithms for Analog Adaptive Filters", Tese de Doutoramento, Universidade de Toronto, 2002.yption. IEEE Trans. Image Process. 15, 2061-2075 (2006).

[34] M..tahon, "processamento de sinal", laboratório de Acústica. Conservatório Nacional de Artes e Ofícios, 2014-2015.

[35] A. kadhim Jawad, "Conceção e simulação de um sistema de comunicação seguro baseado no canal Chaos overAWGN", Universidade Al-Mustansiriya, 2015

[36] U. Parlitz, L.O. Chua, L. Kocarev, K.S. Halle e A. Shang, *"Transmission of digital signals by chaotic synchronisation"*, International Journal of Bifurcation and Choas, Vol. 2, No. 4, pp. 973977, 1992.

[37] T. Yang, C. Wah-Wu e L. Chua, 'Cryptography Based on Chaotic Systems'*IEEE Trans, Circuit and Systems-!: FundamentalTheory andApplication,* Vol. 44, No. 5, pp. 469-472, maio de 1997.

[38] F. Anstett, "Les systemes dynamiques chaotiques pour le chiffrement: synthese et cryptanalyse", These de doctorat, Université de Henri Poincare, Nancyl, 2006.

[39] T. Yang e L. Chua ,'Secure Communication via Chaotic Parameter Modulation", *IEEE Trans. Circuits and Systems-!: fundamental Theory andApplications,* Vol. 43, No. 9, pp. 817-819, setembro de 1996.

[40] R. Channapragada Seshagiri Rao, Munaga V.N.K. Prasad "Digital WatermarkingTechniques in Curvelet and Ridgelet Domain", Springer Briefs in Computer Science (2016), DOI 10.1007/978-3-31932951-2.

[41] M. Hemis ,"Systeme de Tatouage pour la Securite des Données audio ", These de Doctorat , Universite des sciences et technologies de houari Boumediene ,2017.

[42] S. Slami, A. Merrad, A. Benziane, Novo esquema seguro para marcação cega de áudio / speechnorm - spacewatermarking pelo algoritmo de Arnold, SignalProcessing154   (2019)   74-86, www.elsevier.com/locate/sigpro.https://doi.Org/10.1016/i.sigpro.2018.08.011

[43] A. Merrad, S. Slami, "Marcação de água de fala cega utilizando um esquema híbrido baseado em DWT/DCT e subamostragem", *Midtimed ToolsAppl*(2018) 77:27589-27615, https://doi.org/10.1007/sllQ42-018-5939-z

[44] A. Merrad, S. Slami, A.Benziane, A. Hafaifa, Abordagem cega robusta para marca d'água digital de fala, 2018 2ª Conferência Internacional sobre Linguagem Natural e Processamento de Fala (ICNLSP), 978-1-5386-4543-7/18IEEE. DOI: 10.1109/ICNLSP.2018.8374366.

[45] H. Delfs, H.Knebl, "introduction to cryptography", Springer verlag, Berlim, 2002.

[46] A. Kerckhoffs, "La Cryptographic Militaire". Journal Des Sciences Militaires. Vol.9, pp.238.161-191, 1883

[47] H. Khanzadi, M.Eshghi e Shahram EtemadiBorujeni "Imagem Encriptação utilizando uma sequência de bits aleatória baseada em mapas caóticos", Arab J SciEng (2014) 39:1039-1047, DOI 10.1007/sl3369-013-0713-z

[48] C.K. Huang, H.H. Nien "Multi chaotic systems based pixel shuffle for image encryption", Optics Communications 282 (2009) 2123-2127, doi:10.1016/j.optcom.2009.02.044.

[49] H. Liu, B. Zhao e Linquan Huang "Esquema de criptografia de imagem quântica usando transformação de Arnold e codificação de caixa S", Entropia 2019, 21, 343; doi: 10.3390 / e21040343.

[50] P. Sathiyamurthi e Ramakrishnan /'Speech encryption algorithm using FFT and 3DLorenz- logistic chaoticmap", Multimedia Tools and Applications(2020),https://doi.org/10.1007/sll042-020-08729-5.

[51] B. Ratner "The correlation coefficient: Its values range between + 1/ -l,ordo they ?", Journal ofTargeting, Measurement and Analysis for Marketing (2009) 17,139 - 142. doi: 10.1057/jt.2009.5

[52] FJ.Farsana , K. Gopakumar "A NovelApproach for Speech Encryption: Zaslavsky Map as Pseudo

Random Number Generator", 6th International Conference on Advances In Computing& Communications, ICACC 2016, 6-8 September 2016, Cochin, India (Procedia Computer Science 93 (2016) 816 - 823).

[53] K. Gopakumar, FJ. Farsana e V.R. Devi "Um esquema de criptografia de áudio baseado na transformação rápida de Walsh Hadamard e fluxos de chaves caóticos mistos" Computação Aplicada e Informática (publicado pela Emerald Publishing Limited 2019), D01: 10.1016 / j.aci.2019.10.001

[54]]Y.S. Tang, A.I. Mess e L.O. Chua, "Synchronization and chaos*", IEEE Trans. Circuit and Systems*, Vol. 30, pp. 1-2, 1983.

[55] L.M. Pecora, e T.L. Carroll, "chaotic circuits," lEEEtrans Circuits yst.
vol. 38, pp. 453-456, 1990.

[56] L.M. Pecora, e T.L. Carroll, "Driving systems with chaotic signals," Phys. Rev. A44, pp. 2374-2383, 1991.

[57] H. Hamiche/'Inversion a gauche des systèmes dynamiques: Application a la transmission securisee des données' ,These de doctorat, Universite moumoudmammeri de tizi ouzou,2011.

[58] H. Nijmeijer e Iven M.Y Mareels, "An observer Looks at synchronization", *IEEE Trans. Circuit systems: Vundamental Theory and Application,* vol. 44, outubro de 1997.

[59] G. Kreisselmeier, Adaptative observer with exponential rate of convergence, IEEE, Transactions on Automatic and Control, vol, 22.pp. 2-8 ,1977.

[60] Y. Xiong e M. Saif, "Sliding Mode Observer for Nonlinear Uncertain Systems",*/EEETrans. Automatic Control,* Vol. 46, pp. 2012-2017, No. 12, dezembro de 2001.

[61] A. Maybhate e R.E. Amritkar, "Use of synchronization and adaptive control in parameter estimation from a time series," *TPysicalEeviewE,* Vol. 59, 1999 pp. 284-293.

[62] S. Slami, A.Merrad, A. Benziane, "Novo esquema seguro para marca d'água cega de áudio / espaço espacial por algoritmo de Arnold", *Signal Processing154* (2019) 74
86,www.elsevier.com/locate/sigpro. https://doi.org/10.1016/j.sigpro.2018.08.011.

Printed by Books on Demand GmbH, Norderstedt / Germany